生態遺伝学入門

Introduction to Ecological Genetics

北野 潤［著］

丸善出版

はじめに

本書は，生態遺伝学を学ぶ初学者にとって必要な進化生態学や集団遺伝学の基本的な知識と考え方を紹介するものである．生態遺伝学とは，エドモンド・ブリスコ・フォードが著した“Ecological Genetics”の序文によると「野外調査と実験室内での遺伝学を融合した手法を用いて実施される進化と適応に関する実験的研究」である（Ford 1964）．つまり，野外から実験室までの遺伝学的研究を駆使することで，進化や適応の遺伝機構を探求する学問といえるだろう．

この半世紀の間に，いくつかの学問上の大きな進展があった．まず，集団遺伝学と分子進化学が大きく発展したことで，集団内でのアリル（対立遺伝子）の振る舞いや遺伝子配列の進化を理解するための理論的枠組みが成熟した．同時に，進化生態学の分野が成熟し，野生生物の表現型がどのように環境にうまく適応して進化するのかを理解するための理論研究や実証研究が大きく進展した．さらに，この 10 年ほどの間に，次世代シークエンサーの開発によって野生生物のシークエンス解析が容易になり，集団遺伝学と進化生態学が急速に融合してきた．しかし，このような急展開を遂げつつある生態遺伝学の分野をカバーする適切な教科書がない．この知識のギャップを埋めることが本書の目的である．

生態遺伝学研究を行うそもそもの原動力は，野外で感じる素朴な疑問である．野外で多様な生物を観察すると「この違いはどうやって生じたのだろうか？」「この違いに何か意味はあるのであろうか？」「これらは別種なのか，同種なのか？」「オスとメスは，どうしてこんなに違うのか？」などといった疑問がふつふつと湧いてくるであろう．本書では，こうした素朴な疑問を，科学的に

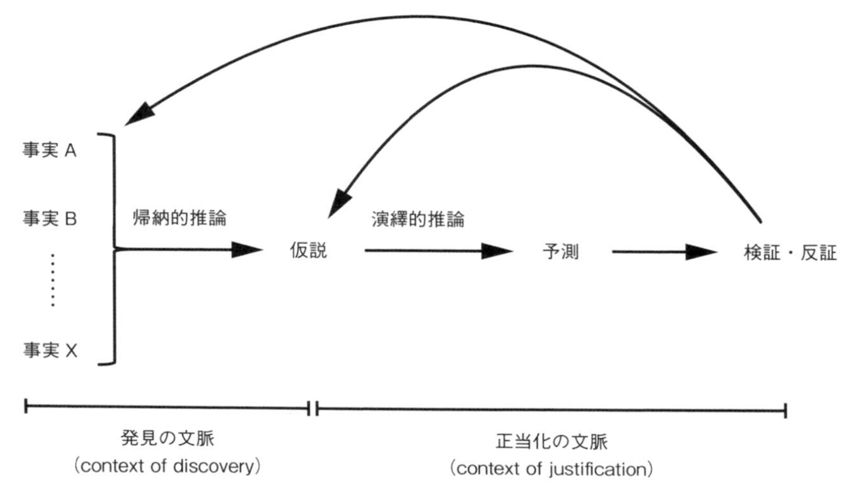

図 0　科学研究の手順．森田 2010 を元に作成．

検証可能な問いへと変換し，生態遺伝学を用いて科学的に探求していく方法を学ぶ．

科学研究は，一連の過程の繰り返しで成り立つ(図 0)(森田 2010)．まずは地道な観察によって様々な事実を集積し，それらの事実から帰納的推論に基づいて仮説をたて，その仮説に基づいて演繹的推論によって何らかの実験結果や観察結果の予測をたて，その予測を実験・観察によって検証する．もし，仮説が反証された場合には，さらなる事実の観察や仮説の修正を行う．この一連のサイクルがうまく回転することで科学的知識が成熟する．サイクルが回転すればするほど，仮説は強固なものとなっていくであろう．

このサイクルのどこを得意とするかは研究者によって様々であり，全ての過程を一人の科学者が行う必要はない．しかしながら科学コミュニティー全体でこのサイクルをうまく回転させることが必要である．したがって，自身が身をおく研究分野において，このサイクルが回転する仕組みをある程度は理解しておくことが大切であろう．

本書は，初学者にとって重要なポイントを，できるだけ平易に説明することを目指した入門書であり，本格的に数理生態学や集団遺伝学を学びたい人，種分化や性染色体などをより詳しく勉強したい人は，より特化した文献を参照してほしい（Coyne and Orr 2004; Gavrilets 2004; Gillespie 2004; 山内 2012; Beukeboom and Perrin 2014）．また，本書は集団レベルでの進化を扱うものであり，種間相互作用，群集生態学，メタゲノム解析など，よりマクロな生態学やゲノム解析は扱わない．また，ゲノム配列データをどのように取得しどのようにコンピューター解析するのかというバイオインフォマティクスに関するマニュアルでもない．

本書は，新型コロナ流行下の2020年と2022年に実施したZoom講義の内容をもとに作成した．新型コロナ流行下において，在宅学習している学生らに対して何かできないだろうかという使命感で始めたものであるが，結果として，大学の垣根を超えて，対面ではなし得ないほど多くの学生に講義できたのは大変貴重な経験となった．本書を執筆するにあたって，聴講生の質問やコメントが大いに役立った．この場をかりて参加者に御礼申し上げる．

2023年8月

北野　潤

目　次

第1章

生態遺伝学のための集団遺伝学入門

1.1　2つの遺伝モデル：集団遺伝と量的遺伝

本章では，アリル(allele；対立遺伝子)頻度を変える4要素(突然変異，移住，選択，遺伝的浮動)を学ぶ．4要素以外にも，組換え(recombination)，連鎖による間接的選択(linked selection)，(異類)同類交配([dis]-assortative mating)などの要素も重要であるが，それらの説明は後の章に回して，まずは基本とな

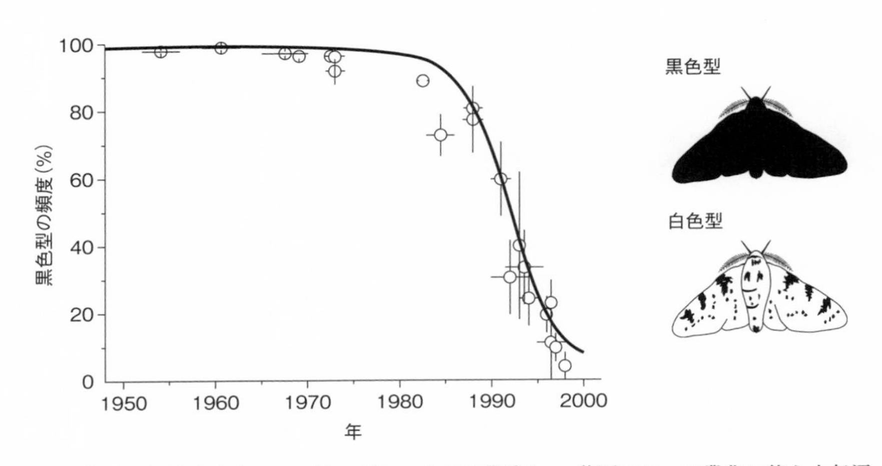

図1.1　英国におけるオオシモフリエダシャクの工業暗化．　英国では，工業化に伴う大気汚染によってオオシモフリエダシャクの黒色型が増えたが，大気汚染の改善によって黒色型が減り白色型が増えた．Cook *et al.* 1999より引用．

る4要素についてしっかり理解しよう．

素朴な疑問から始めよう．ある生物を長期にわたって観察していたところ，形態が変わったことを発見したとしよう．「この変化はどうやって生じたのだろうか？」例えば，英国では，オオシモフリエダシャクという蛾において，大気汚染に連動して黒い個体の頻度が増え（工業暗化という），大気汚染の改善とともに白い個体の頻度が増えたことがよく知られている（図1.1）（Cook *et al.* 1999）．私が研究しているトゲウオ科のイトヨという魚でも，北米ワシントン州のワシントン湖において50年以内にイトヨの鱗板（体の側面を覆う骨化組織）の数が急速に増加した例が知られている（図1.2）（Kitano *et al.* 2008）．一方，北米アラスカ州のロバーク湖では10年ほどでイトヨの鱗板の数が減少した例が報告されている（Bell *et al.* 2004）．また，グラント夫妻のガラパゴス諸島における長期観察によって，大干ばつの後に大きな種子のみが餌資源として利用可能になったことで，大きな種子を砕くことのできる大きな嘴を持ったフィン

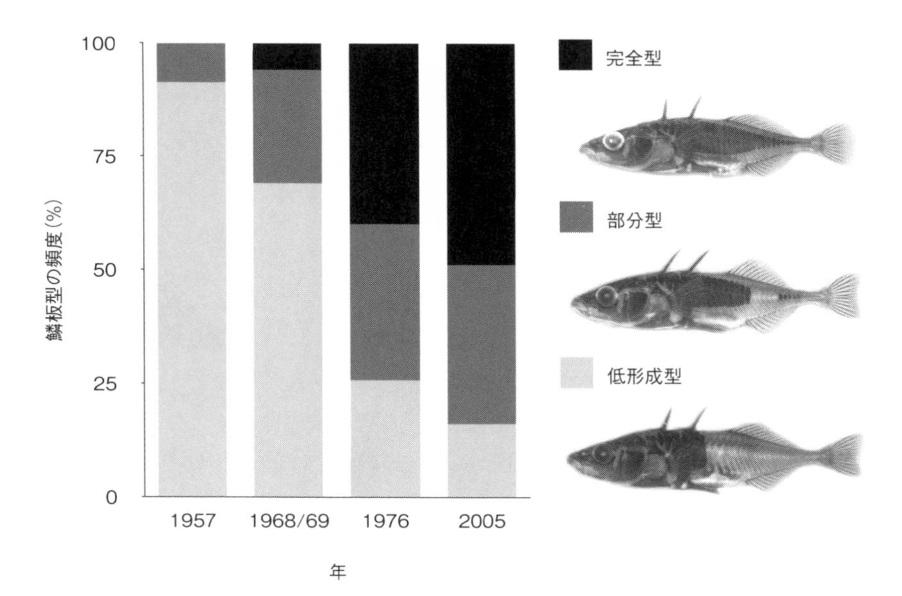

図1.2　ワシントン湖におけるイトヨの急速進化．　米国のワシントン湖では，50年の間に鱗板の数が多い完全型のイトヨの頻度が増えた．湖の透明度が増して，魚食性の大型魚による捕食圧が増したことが原因と推測されている．右は，カルシウムを赤く染めるアリザリンでイトヨを染色した像．Kitano *et al.* 2008を元に作成．

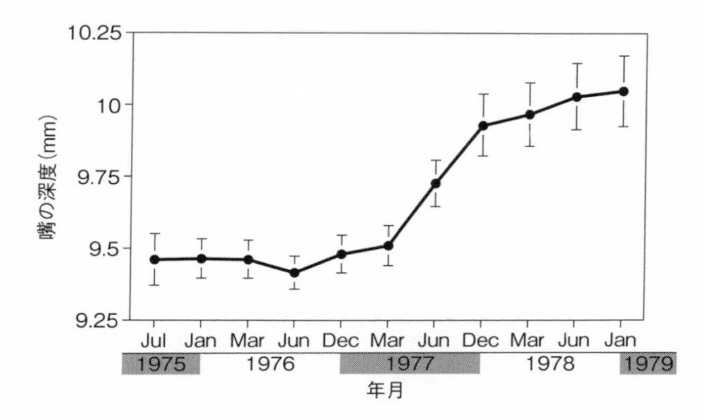

図 1.3　ガラパゴス諸島におけるフィンチの嘴の変化． ガラパゴス諸島のフィンチは，1977 年の大干ばつの後，嘴のサイズが大きなフィンチのみが生き残り，嘴の平均サイズが大きくなった．Grant and Grant 2008 より引用．

チのみが生き残ったこと(嘴のサイズが大きく進化したこと)が観察されている(図 1.3)(Grant and Grant 2008)．このような短期間で起こる表現型の変化は自然界で広く観察されており(Hendry 2016)，読者が好きな生き物でも，程度の差こそあれ今も野外で起こっているはずだ．

この表現型の違いが遺伝的要因に起因する場合，すなわち，表現型可塑性(phenotypic plasticity; 同じ遺伝型から環境要因によって異なる表現型が生まれること)で全て説明できない場合，遺伝モデルを用いて考察することができる．遺伝モデルには，大きく分けて 2 つのモデルが存在する．1 つ目は**集団遺伝学**(**population genetics**)のモデルで，1 つあるいは少数の遺伝子に着目し，そのアリルの頻度を(個別の表現型にあまり着目せず)解析するモデルである．もう 1 つは，**量的遺伝学**(**quantitative genetics**)のモデルで，無限に近い多数の遺伝子に支配された量的形質の進化を(個別の遺伝子にあまり着目せず)解析するモデルである．本章では，集団遺伝のモデルについて説明する．

集団遺伝のモデルでは，表現型の違いを生み出すアリルの変化に着目する．イトヨの鱗板の例でいうならば，鱗板の数という表現型そのものに着目するのではなく，その表現型の違いを生み出している 2 つのアリル A と a の変化に着目するのである．その上で「**何が，アリル頻度を変えたのか？**」を問う．すなわち，**進化をアリル頻度の変化として捉える**のである．

1.2 突然変異

アリル頻度を変える1つ目の要因は**突然変異(mutation)**である．突然変異率は，ふつう「1世代あたり，1本の染色体において生じる突然変異の率」で定義され，ここでは突然変異率をμとする．すなわち，**1世代あたり，1本の染色体において，μの確率でAからaへの突然変異が生じる**とする．集団を構成する個体数(集団サイズ)をNとすると，二倍体生物の場合には$2N$の染色体があることから，毎世代$2N\mu$のaが新しく出現することになる．

実際のμはどのくらいであろうか．まずは，DNA配列レベルでの突然変異率を考えてみよう．ヒトの場合，一塩基置換が生じる突然変異率は$1.1 \sim 1.3 \times 10^{-8}$で，挿入や欠失の変異率は一塩基置換より低いと推定されている(Campbell and Eichler 2013)．あくまでもこれらはゲノム全体の平均値である．ゲノム内には，突然変異の起こりやすい領域(突然変異のホットスポット)があることが知られており，高いところでは100倍ほどの変異率を示す．GC-リッチな領域，繰り返し配列(マイクロサテライト，セントロメア，テロメアなど)の多い領域，組換えのホットスポット，S期にDNA複製の遅い場所などが突然変異のホットスポットとして知られている(Nesta *et al.* 2021)．突然変異のホットスポットは，現在活発に研究されているテーマである．

一塩基の置換突然変異率は，真核生物では10^{-8}から10^{-9}のオーダーのようである(Lynch 2007; Bergeron *et al.* 2023)．原核生物ではこれより低く，一般にゲノムサイズが大きいほど塩基置換の突然変異率が高い傾向にある．これを説明する説として，ゲノムサイズが大きいほど体サイズが大きくなり，産生する配偶子の数が増えるため，配偶子形成に関わる細胞分裂回数が増えて突然変異が起こりやすくなるという説がある(Lynch 2007)．

重要なことに，上記の突然変異率はDNA配列レベルでの変異率であり，表現型変異の原因となる突然変異率とは同じではない．例えば，1個の一塩基突然変異がアリルaをつくるのに「必要十分」である場合，一塩基突然変異率が10^{-8}なら，$\mu = 10^{-8}$と仮定してよいであろう．しかし，2個の一塩基突然変異が必要な場合には，$\mu = 10^{-8} \times 10^{-8} = 10^{-16}$とより低い値を仮定するべきであろう．逆に，ある遺伝子の機能欠失がアリル a を生み出す場合には，何通りもの突然変異が機能欠失を引き起こすと想定できる(プロモーター配列の欠失変異，ストップコドンの入る変異など)．もし，100 通りの一塩基変異で遺伝子の機能欠失が起こりうるとすると，$\mu = 10^{-8} \times 100 = 10^{-6}$ と比較的高い値を仮定できるであろう．家系を用いたゲノムシークエンス解析などによって，遺伝子配列レベルでの塩基突然変異率は今後も明らかになってくると思われるが，**表現型や適応度に影響を与える突然変異率がどの程度なのかは一般的に不明**である．そのためにはまず，表現型変異の原因となる突然変異の詳細を知る必要があり，そのことについては第 5 章で触れる．

さて，簡単なシミュレーションをしてみることで，突然変異**のみ**でどのような進化が起こるかを見てみよう(図 1.4)．集団の初期状態では，アリル A しか持たず($p_0 = 1$)アリル a は存在しない($q_0 = 0$)と仮定する．その後，アリル A からアリル a へ突然変異が起こる場合を想定する．アリル a からアリル A への突然変異は(とても低いなどの理由があるとして)ここでは無視する．

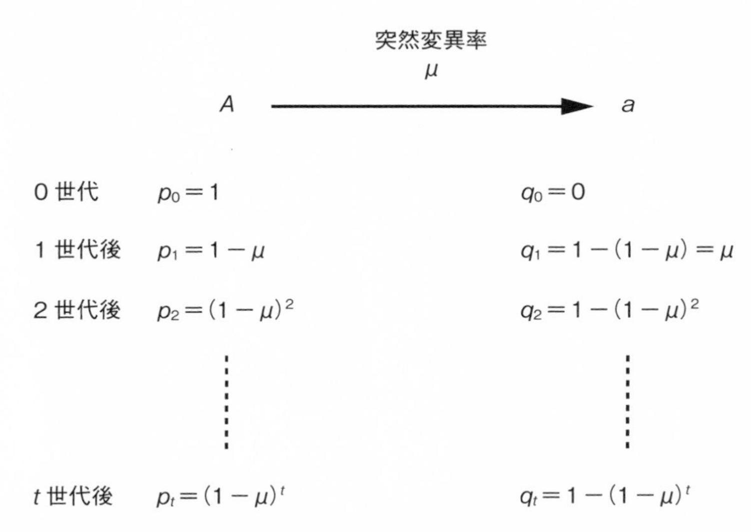

図 1.4 突然変異によるアリル頻度の変化． 突然変異率 μ の確率で，毎世代，アリル A からアリル a へ変異すると仮定している．ここでは，逆向きの変異は低いなどの理由で無視できると仮定している．最初の世代でのアリル A とアリル a の頻度をそれぞれ $p_0 = 1$ と $q_0 = 0$ とした場合の，t 世代後のアリル頻度 p_t と q_t を示す．二倍体生物を仮定している．

1世代後のアリルAの頻度(p_1)は，$1-\mu$となる．2世代後のアリルAの頻度(p_2)は，$p_1 \times (1-\mu) = (1-\mu)^2$となる．同様に計算を繰り返すことで，$t$世代後のアリル$A$の頻度($p_t$)は，

$$p_t = (1-\mu)^t \tag{式 1.1}$$

で表すことができる．よって，t世代後のアリルaの頻度(q_t)は，

$$q_t = 1 - p_t = 1 - (1-\mu)^t \tag{式 1.2}$$

となる．世代tとp_tあるいは，世代tとq_tの関係を表したグラフが図1.5である．$\mu = 10^{-8}$の場合には，10 000世代たってもアリル頻度の変化がほとんど見られない．一方，突然変異のホットスポットの値$\mu = 10^{-4}$を用いると，数千世代後にはaの増加が見られるが，10 000世代後にもアリルAはかなりの頻

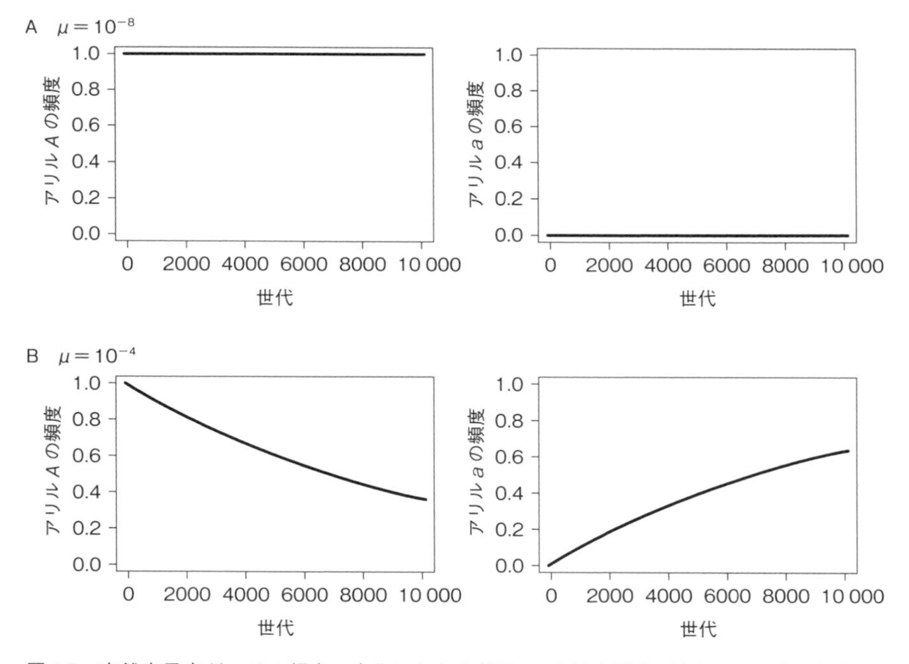

図1.5　突然変異率がアリル頻度の変化に与える効果．　突然変異率が(A)$\mu = 10^{-8}$と(B)$\mu = 10^{-4}$の場合のアリル頻度の変化をグラフに図示した．式1.1，式1.2に基づいて10 000世代後まで計算した．

度で残っている．

簡単なシミュレーションの結果は，**単一座位の突然変異のみで数十〜数百世代の短期間の進化を説明するのは一般的に難しそう**であることを示している．しかし，これは突然変異が重要ではないということではない．いうまでもなく突然変異は進化の源であり，突然変異がなければ，そもそも遺伝的多様性は生まれず進化は起こらない．集団サイズが $N = 10^8$ の二倍体の集団だと，突然変異が $\mu = 10^{-8}$ の確率で生じる場合，集団内に特定の塩基の突然変異は毎世代平均して少なくとも 2 個($2N\mu = 2$)出現していることになる(ちなみにヒトは世界人口が 8×10^9 を超える)．また，ゲノムサイズが 100 メガベース(10^8 bp)の生物だと，突然変異が $\mu = 10^{-8}$ の確率で生じる場合，ある 1 個体についてゲノム中のどこかの塩基には新しい突然変異が生じていると予測される(ちなみにヒトのゲノムサイズは 3.2×10^9 である)．つまり，野生集団では毎世代新しい変異が常に集団内に生み出されているのだ．

1.3　移住(遺伝子流動)

アリル頻度を変える要因の 2 つ目は，**移住(migration)**あるいは**遺伝子流動(gene flow)**である．移住率は，ふつう**観察している集団内で，ある 1 世代あたりに移住してきた個体の割合**で定義され，ここでは migration の頭文字の m で表す．遺伝子流動は，個体ではなく特定の遺伝子座の移動に着目した現象で，複数の遺伝子座の挙動や種分化を考える際に重要になるが，その説明は第 6〜7 章まで待つこととし，ここでは移住とほぼ同義なものとして捉える．移住の効果を単純に理解するために，移住してきた個体は在来個体と同程度に生存でき，同程度に子孫を残せると仮定する．すなわち，毎世代，$1 - m : m$ の割合で在来個体と外来個体が子孫をつくる．在来集団は初期段階でアリル A を固定しており，外来集団はアリル a を固定していると仮定する．集団の個体数(集団サイズ)を N とすると，二倍体生物の場合には $2N$ の染色体があることから，毎世代 $2Nm$ の a が流入してくることになる．

簡単なシミュレーションをしてみることで，遺伝子流動**のみ**でどのような進化が起こるか見てみよう(図 1.6)．集団の初期状態では，アリル A のみが存在

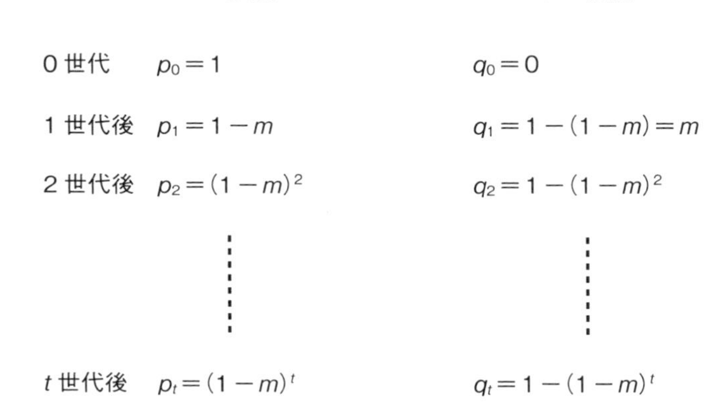

図1.6　移住によるアリル頻度の変化．　初期状態ではアリル A で固定されていた集団に対して，毎世代，移住率 m の確率で(集団中の m の割合の個体が外来個体ということ)，アリル a を持った個体が移住してくることを仮定している．最初の世代でのアリル A とアリル a の頻度をそれぞれ $p_0=1$ と $q_0=0$ とした場合の，t 世代後のアリル頻度 p_t と q_t を示す．二倍体生物を仮定している．

し($p_0=1$)，アリル a は存在しない($q_0=0$)．その後，アリル a が固定している(アリル a のみを持つ)別の集団から遺伝子流動が起こる場合を想定する．逆向きの遺伝子流動は，(とても低いなどの理由があるとして)ここでは無視する．このように，ドナー集団のアリル頻度は一定で，そのドナー集団から別のレシピエント集団へと一方向の遺伝子流動が起こるモデルを大陸—島モデル(continent-island model)という．

1世代後のアリル A の頻度(p_1)は，$1-m$ となる．2世代後のアリル A の頻度(p_2)は，$p_1\times(1-m)=(1-m)^2$ となる．同様に計算を繰り返すことで，t 世代後のアリル A の頻度(p_t)は，

$$p_t=(1-m)^t \qquad \text{(式 1.3)}$$

で表すことができる．よって，t 世代後のアリル a の頻度(q_t)は，

$$q_t=1-p_t=1-(1-m)^t \qquad \text{(式 1.4)}$$

となる．

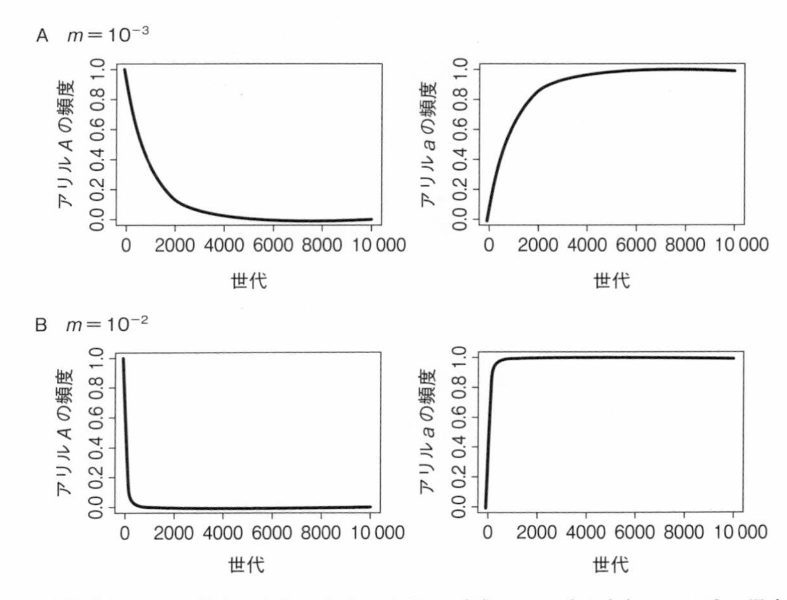

図 1.7　移住率がアリル頻度の変化に与える効果． (A)$m = 10^{-3}$ と(B)$m = 10^{-2}$ の場合のアリル頻度の変化をグラフに図示した．式 1.3，式 1.4 に基づいて 10 000 世代後まで計算した．

ここで，式 1.3 は式 1.1，式 1.4 は式 1.2 の μ を m に置き換えただけであることに注目しよう．つまり，遺伝子流動率が 10^{-4}〜10^{-8} のように低い場合には，突然変異率について見たのと同じく，遺伝子流動のみで大きな進化が数十〜数百世代のような短い世代で起こることは期待できない．しかし，野外では，$m = 10^{-3}$ や $m = 10^{-2}$，すなわち 100 個体に 1 個体，あるいは，1000 個体に 1 個体が外から移住してきた個体である場合もありうる．

そこで，$m = 10^{-3}$ や $m = 10^{-2}$ の場合に，世代 t と p_t，あるいは，世代 t と q_t の関係を見てみよう(図 1.7)．これらの場合には，数十〜数百世代の短期間で十分に進化が観察できそうである．すなわち，**遺伝子流動の程度が大きければ，遺伝子流動のみでも短期間での進化が起こりうる**ようだ．

1.4 選　択

アリル頻度を変える要因の3つ目は，**選択**(**selection**)である．これまでは，アリルAを持つ個体もアリルaを持つ個体も適応度(適応度については，第3章で後述するが，ここでは単純化のために生存率や繁殖成功率と考えてもらってよい)が同じであると仮定してきた．しかし，片方のアリルを持つ個体の方が生存率が高かったり，繁殖成功率が高かったりする場合があるだろう．

ここでは，単純化のため，生存率のみが異なるとしよう(すなわち，適応度＝生存率と仮定する)．さて，aaの遺伝型を持つ個体の適応度を1とした場合，AAの相対的な適応度を$1-s$，Aaの相対的な適応度を$1-hs$と定義しよう．ここで，sのことを**選択係数**(**selection coefficient**)，hのことを**優性度**(**dominance**)という．すなわち，AA，Aa，aaの適応度の比は，$1-s$：$1-hs$：1となる(図1.8)．研究者によっては，AA，Aa，aaの適応度の比を，

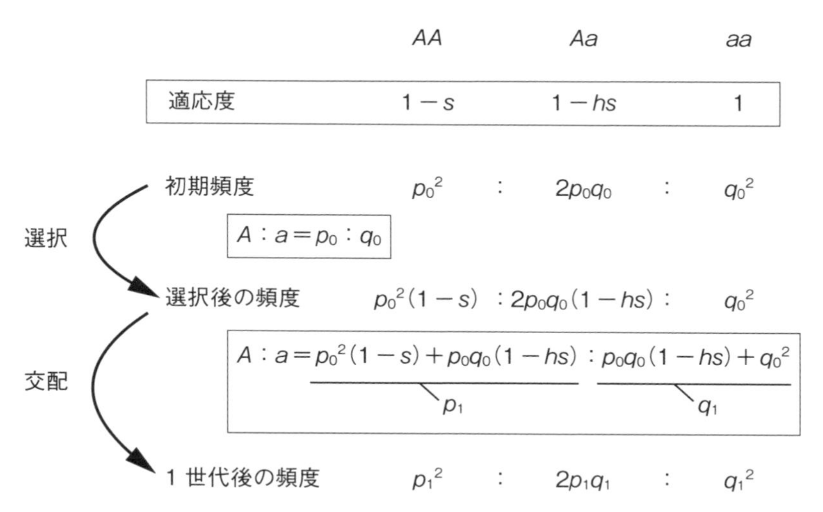

図1.8　選択によるアリル頻度の変化．　最初の世代でのアリルAとアリルaの頻度をそれぞれp_0とq_0とした場合の選択後の遺伝型とアリルの頻度，その次の世代の遺伝型の頻度を示す．この例では，sが0から1の間の値をとるため，アリルaの方がアリルAよりも有利であることを仮定している．また，二倍体生物を仮定している．

$1:1+hs:1+s$ と定義する人もいる．前者では s の値が 0 から 1 の間であるのに対して，後者では 0 から無限大の値をとることから，前者の方が数字を扱いやすいため，本書では前者を用いるが後者が間違いというわけではない．

簡単なシミュレーションをしてみることで，選択**のみ**でどのような進化が起こるか見てみよう．集団の初期状態では，アリル A の頻度が p_0，アリル a の頻度は q_0 と仮定する．この場合，自由交配集団を仮定すると，AA，Aa，aa の遺伝型を持つ個体の頻度は，ハーディー・ワインバーグの法則(Hardy-Weinberg principle)によって，p_0^2，$2p_0q_0$，q_0^2 となる(図 1.8)．ここで，AA，Aa，aa の生存率の比は $1-s:1-hs:1$ なので，選択が働いた後の AA，Aa，aa の遺伝型の比は

$$p_0^2(1-s):2p_0q_0(1-hs):q_0^2 \quad \text{（式 1.5）}$$

となる．選択後の A と a のアリル頻度の比は，$p_0^2(1-s)+p_0q_0(1-hs):p_0q_0(1-hs)+q_0^2$ となり，$p_0+q_0=1$ を利用して整理すると，

$$p_0(1-p_0s-q_0hs):q_0(1-p_0hs) \quad \text{（式 1.6）}$$

となる．この和，すなわち $p_0(1-p_0s+q_0hs)+q_0(1-p_0hs)$ を w_0 とすると，選択後の A と a のアリル頻度(それぞれ p_1 と q_1)は，

$$p_1=p_0(1-p_0s-q_0hs)/w_0 \quad \text{（式 1.7）}$$
$$q_1=q_0(1-p_0hs)/w_0 \quad \text{（式 1.8）}$$

となる．これらが自由交配してできる次世代の AA，Aa，aa の遺伝型の頻度はハーディー・ワインバーグの法則によって $p_1^2:2p_1q_1:q_1^2$ となる．この世代に再び式 1.5 にならって選択を働かせるという一連の過程を t 世代にわたって繰り返せば，t 世代後の A と a の頻度が計算できる．この計算は表計算ソフトなどで十分に可能である(図 1.9)．

$h=0.5$ の場合，s を 0.01 から 0.2 までの間であたえたときのシミュレーションの結果を図 1.10 に示す．図 1.5 や図 1.7 と異なり，X 軸の最大値が 1000 世代になっていることに注意してほしい．$h=0.5$ の場合，これらの s の範囲では十分に数十世代〜1000 世代で進化が観察できることがわかる．

また，h の値がアリルの振る舞いに大きく影響する．$s=0.01$ の場合に h を

世代	アリル頻度		遺伝型の頻度			選択後			選択後の遺伝型の頻度			選択後のアリル頻度	
	A	*a*	p^2	$2pq$	q^2	*AA*	*Aa*	*aa*	*AA*	*Aa*	*aa*	*A*	*a*
0	0.9900	0.0100	0.9801	0.0198	0.0001	0.8821	0.0188	0.0001	0.9790	0.0209	0.0001	0.9895	0.0105
1	0.9895	0.0105	0.9790	0.0209	0.0001	0.8811	0.0198	0.0001	0.9779	0.0220	0.0001	0.9889	0.0111
2	0.9889	0.0111	0.9779	0.0220	0.0001	0.8801	0.0209	0.0001	0.9767	0.0232	0.0001	0.9883	0.0117
3	0.9883	0.0117	0.9767	0.0232	0.0001	0.8790	0.0220	0.0001	0.9754	0.0245	0.0002	0.9876	0.0124
4	0.9876	0.0124	0.9754	0.0245	0.0002	0.8778	0.0232	0.0002	0.9740	0.0258	0.0002	0.9869	0.0131
5	0.9869	0.0131	0.9740	0.0258	0.0002	0.8766	0.0245	0.0002	0.9726	0.0272	0.0002	0.9862	0.0138
6	0.9862	0.0138	0.9726	0.0272	0.0002	0.8754	0.0258	0.0002	0.9712	0.0286	0.0002	0.9855	0.0145
7	0.9855	0.0145	0.9712	0.0286	0.0002	0.8740	0.0272	0.0002	0.9696	0.0302	0.0002	0.9847	0.0153
8	0.9847	0.0153	0.9696	0.0302	0.0002	0.8726	0.0287	0.0002	0.9679	0.0318	0.0003	0.9838	0.0162
9	0.9838	0.0162	0.9679	0.0318	0.0003	0.8711	0.0302	0.0003	0.9662	0.0335	0.0003	0.9830	0.0170
10	0.9830	0.0170	0.9662	0.0335	0.0003	0.8696	0.0318	0.0003	0.9644	0.0353	0.0003	0.9820	0.0180

$s=0.1$, $h=0.5$ の場合

図 1.9　選択によるアリル頻度の変化を表計算ソフトで計算．　図 1.8 の式に基づいて 10 世代後まで表計算ソフトで計算した様子を示す．

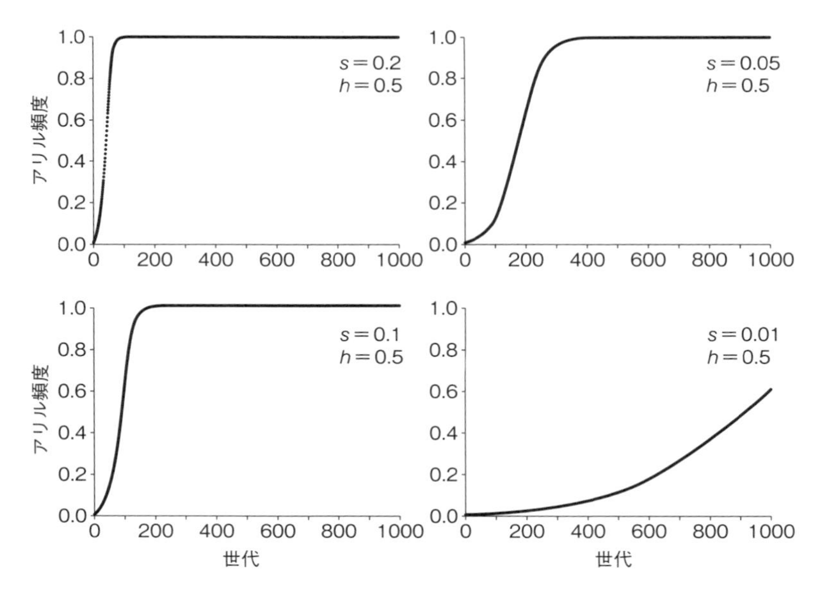

図 1.10　選択係数がアリル頻度の変化に与える効果．　優性度(h)を 0.5 で固定し，選択係数(s)を 0.01 から 0.2 まで振った．図 1.5 と図 1.7 とは異なり X 軸の右端が 1000 世代であることに注意してほしい．

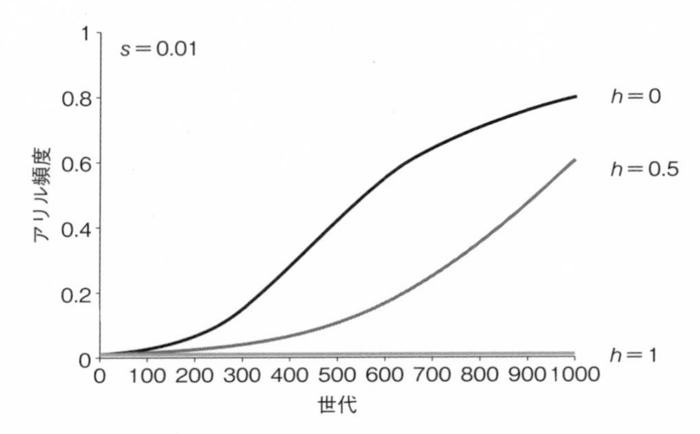

図 1.11　優性度がアリル頻度の変化に与える効果．　選択係数(s)を 0.01 で固定し，優性度(h)が 0，0.5，1 の 3 条件で計算した．有利なアリルの効果が優性だと($h = 0$)，有利なアリル頻度は初期に急速に上昇する一方，有利なアリルの効果が劣性だと($h = 1$)，有利なアリル頻度はなかなか増えない．

振った結果が，図 1.11 である．$h = 0$，すなわち有利なアリル a が優性の場合，言い換えるとヘテロ型(Aa)が祖先型の AA よりも有利な場合には，マイナーだったアリル a が初期に急速に増える．一方，$h = 1$，すなわち有利なアリル a が劣性の場合，言い換えるとヘテロ型(Aa)が祖先型の AA よりも特に有利でない場合には，有利なアリルがなかなか増えないことを示す．このように，優性で有利なアリルが自然選択にかかりやすいことを，最初に指摘したホールデインの名をとって **Haldane's sieve** と呼ぶ(Haldane 1990)．

これまでに野外で計測・推定された選択係数 s の値を図 1.12 に示す(選択係数の計測・推定については第 3 章で後述)(Thurman and Barrett 2016)．弱い選択が大多数であるが，強い選択もそれなりにあり，今回のシミュレーションで用いた s の値は，どれも自然界で観察できた値であり，非現実的な値ではない．つまり，この簡単なシミュレーションの結果は，**集団中に有利なアリル a が存在していれば，選択によって進化が短い世代で起こりうる**ことを示している．

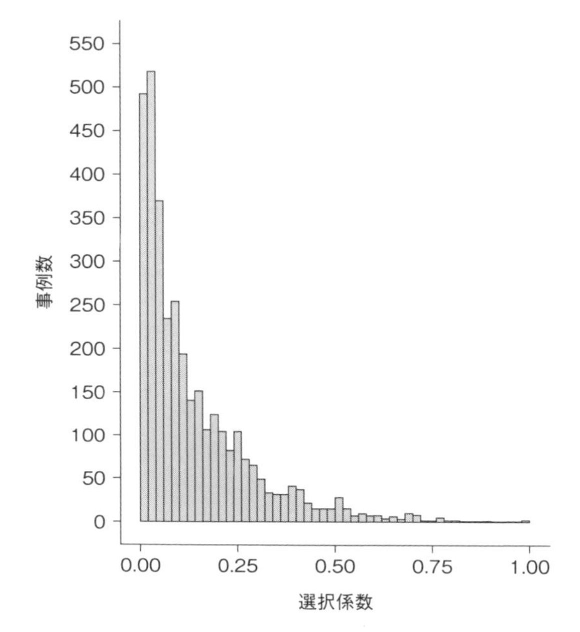

図 1.12　野外で計測された選択係数(s)の値を示したヒストグラム．Thurman and Barrett 2016 より引用．

1.5　遺 伝 的 浮 動

アリル頻度を変える要因の4つ目は，**遺伝的浮動(genetic drift)**である．これまでは，集団サイズが有限であることを無視して話を進めてきた．**集団サイズが有限な場合，偶然の効果によってあるアリルが増えたり減ったり，固定したり消失したりする．**

簡単なシミュレーションをしてみることで，遺伝的浮動**のみ**でどのような進化が起こるのか見てみよう．遺伝的浮動の解析を行う上で，**ライト・フィッシャーモデル(Wright-Fisher model)**を使うことが多い．ライト・フィッシャーモデルでは，(1)集団サイズNが常に一定であること，(2)世代が重ならないこと，(3)次世代のアリルは前の世代のアリルを(重複を許して)ランダムに選んで決めることを仮定する．配偶子が空間にランダムに放出されて，互いにランダムに接合する状況であり，たしかに非現実的な仮定ではあるが，遺伝的浮動の挙動を理解する上で基本的なモデルなのでここで用いる．

理解を助けるために，$N=3$，すなわち6本の染色体のみの単純な集団を仮定しよう(図1.13)．次世代のアリルを選ぶ際，サイコロを振って出た目の数の番号の配偶子のアリルを次世代に伝えることにする．1の目が出たら，一番上の配偶子のアリルを次世代に伝え，5の目が出たら上から5番目の配偶子のアリルを次世代に伝えるという具合に進める．重複を許すので，サイコロが同じ目を出したら同じアリルを受け継ぐことになる．何世代か繰り返すうちに，もともとあった6つのアリルのうち，あるアリルは増え，あるアリルは減ることがわかるだろう．図1.14のシミュレーションでは，$t-4$世代にあった6つのアリルのうち，白で示した4つのアリルはt世代で既に消失している一方，黒で示したアリルは増えた．このアリル頻度の振る舞いは，**ランダムなサンプリ**

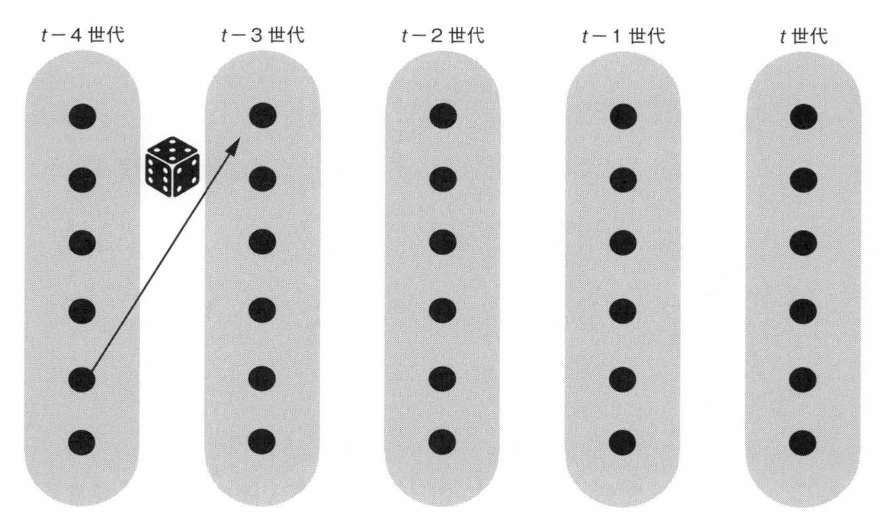

図1.13　ライト・フィッシャーモデル．　ライト・フィッシャーモデルでは，集団サイズが一定で，世代は重ならず，次世代のアリルは前の世代のアリルを(重複を許して)ランダムに選んで決める．ここでは染色体数が6本の集団を想定している．次の世代のアリルをサイコロの目で選ぶのを想定するとわかりやすいだろう．5の目が出ると，1つ前の世代の5番目のアリルを受け継ぐ．

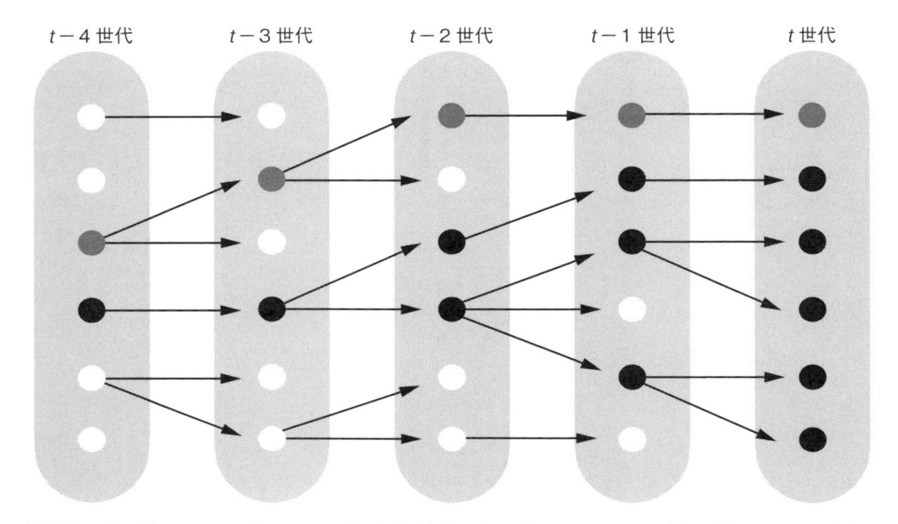

図 1.14　ライト・フィッシャーモデルにおけるシミュレーションの1例． 図 1.13 のライト・フィッシャーモデルにおいて，サイコロを用いて $t-4$ 世代から t 世代までシミュレーションを行った．同様のシミュレーションを読者が行うと，全く同じ結果になることは少ないであろう．このように，サイコロというランダムな偶然の効果によって，$t-4$ 世代に存在していたどのアリルの頻度が増え，どのアリルが消失するかが決まる．

ングによる偶然の効果によってもたらされたものである．シミュレーションを行うたびに，全く同じ結果になる可能性は非常に低い．

遺伝的浮動の効果をさらに理解するために，遺伝的浮動によって遺伝的多様性がどのような速度で減少するのか解析してみよう．そのために集団遺伝学の教科書にならって，ある世代 t において，ある2つのアリルの由来が同じとなる(同祖である)確率 G_t を計算してみよう．t 世代の2つのアリルが同祖である場合は2通りある．まず1つ目は，1世代前($t-1$ 世代)で同祖になる場合で，この確率は $1/2N$ である(図 1.15 上)．もう1つは，1世代前($t-1$ 世代)には同祖でなかったが(これは $1-1/2N$ の確率で起こる)，さらにその前のどこかの世代で同祖になる場合である(図 1.15 下)．$t-1$ 世代で2つのアリルが同祖である確率を G_{t-1} とすると，後者の確率は $(1-1/2N)\times G_{t-1}$ となる．すなわち

$$G_t = \frac{1}{2N} + \left(1 - \frac{1}{2N}\right)G_{t-1} \qquad (式 1.9)$$

となる．次に，ある世代 t において，ある2つのアリルの由来が同祖**ではない**

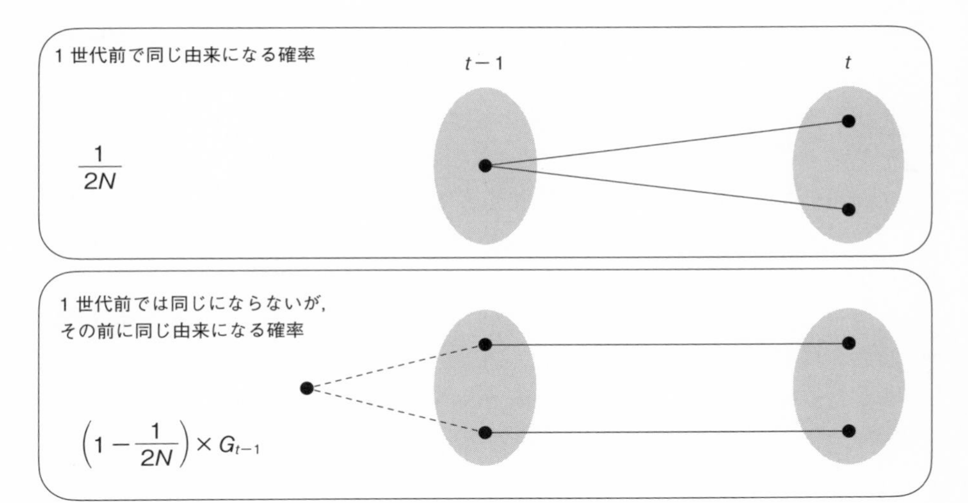

図 1.15　2 つのアリルの由来が同祖である確率の求め方．　世代 t においてある 2 つのアリルの由来が同祖である確率 G_t は，1 つ前の $t-1$ 世代で同祖であった確率（上）と $t-1$ 世代では同祖ではないがそれ以前の世代で同祖である確率（下）を足すことで求まる．

確率 H_t を計算してみよう．まず，H_t は下記の通り表すことができる．

$$H_t = 1 - G_t$$

ここに，先に求めた式 1.9 を代入して整理すると

$$H_t = 1 - \frac{1}{2N} - \left(1 - \frac{1}{2N}\right)G_{t-1} = (1 - G_{t-1})\left(1 - \frac{1}{2N}\right)$$

となる．ここで，$H_{t-1} = 1 - G_{t-1}$ とすると，

$$H_t = H_{t-1}\left(1 - \frac{1}{2N}\right)$$

となり，観察を開始した最初の世代における H を H_0 とすると，

$$H_t = H_0\left(1 - \frac{1}{2N}\right)^t$$

となる．これは，世代がたつにつれて，同祖ではないアリルが減少することを示す．すなわち遺伝的多様性が世代ごとに減少していくことを示しているのである．

これをグラフにすると図 1.16 のようになる．**集団サイズが小さいほど遺伝的浮動の効果は大きく**，急速に遺伝的多様性が減少することがわかる．一方，集団サイズが大きいと遺伝的浮動の効果は弱いことがわかる．野外で観察された集団サイズ N は 1000 以下のものもあり，(Frankham *et al.* 2010)，**実際の野生集団では遺伝的浮動の効果は無視できない**ことがよくわかる．

重要なことに，実際の野生生物はライト・フィッシャーモデルに従わない．集団サイズは変動するし，実測個体数の全てが繁殖に参加しているわけでもない(ハーレムのような繁殖形式を想像するとわかりやすい)．**実際の野生集団で観察された遺伝的浮動の効果を，ライト・フィッシャーの理想集団の N に換算した値を「有効な集団サイズ(effective population size; N_e)」**という．通常，実際の個体数 N よりも N_e は小さく，平均して 1/10 ほどである(Frankham *et al.* 2010)．「有効な集団サイズ」の概念はとても難しく本書の範囲を超えるので，

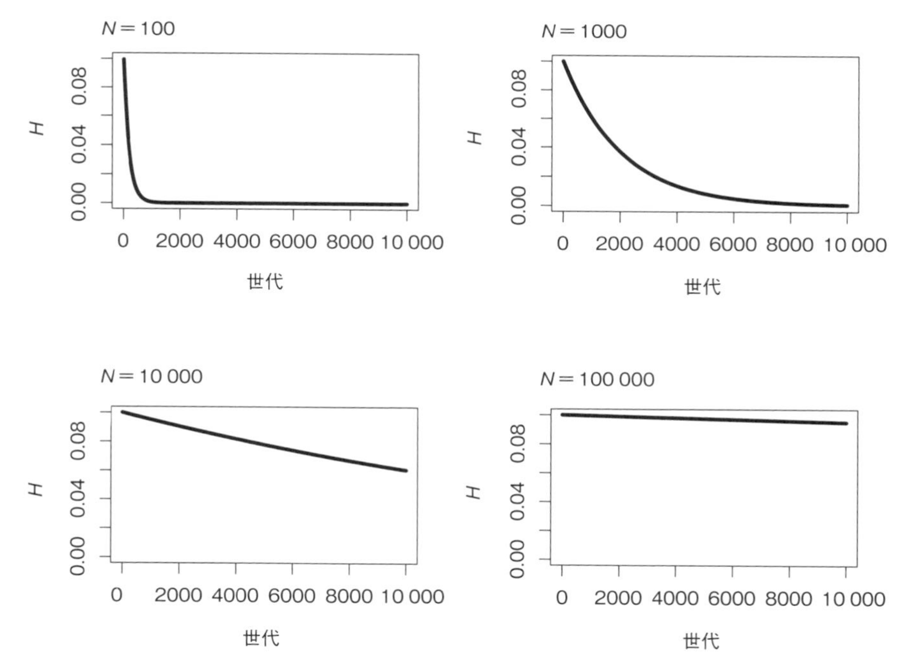

図 1.16　集団サイズが遺伝的多様性の低下に与える効果． ある2つのアリルの由来が異なる確率 H は世代がたつにつれて減少する．集団サイズ N が小さいほど，速く減少する．

より詳しく知りたい読者は別の文献を参照してほしい(Crow and Kimura 1970; Gillespie 2004).

本章では，このように4要素について見てきたが，実際の野生生物ではこれらの要因が複合的に働いているので，複数の要素を組み合わせたモデルをたてるのが適切である．より詳しく知りたい読者は別の文献を参照してほしい(Crow and Kimura 1970; Gillespie 2004).

BOX 1：分子進化の中立説とほぼ中立説

1.5の遺伝的浮動の節で見たように，有限集団では，長い世代が経過すると遺伝的浮動によってどれか1つのアリルが固定する．ある特定のアリルが，有利でも不利でもない場合(中立である場合)，固定する固定確率(fixation probability)は，そのアリルの頻度をpとすると，pである．図1.13の例でいうと，$t-4$世代にあった6つのアリルのうち，ある特定のアリルが固定する確率はそれぞれ1/6である．

ここで，二倍体であると仮定したある集団に新しく生じた突然変異の固定確率を計算してみよう．集団サイズをNとすると，ある1本の染色体に新たに生じた突然変異の初期頻度は$1/2N$である．したがって，その新しい突然変異が固定する確率は$1/2N$である．さて，突然変異率をμとすると，毎世代$2N\mu$の突然変異が生じている．$2N\mu$のうち$1/2N$が固定するので，これをかけ合わせると，$2N\mu \times 1/2N = \mu$となる．すなわち，毎世代μ個の最終的に固定する変異が生まれている．したがって，十分に長いt世代が経過するとμtの変異が固定することになる．言い換えると，**経過した世代に比例して変異が固定する**ことになる．これが木村資生の提唱した**分子進化の中立説**である(Kimura 1968, 1983).

しかし，本章で学んだ通り，選択の効果があると，有利なアリルほど増えやすく，不利なアリルほど減りやすい．すなわち，有利なアリルほど固定確率は高く，不利なアリルほど固定確率は低い．遺伝的浮動と選択の効果を同時に考えるとどのようなことがわかるであろうか．本章で学んだ通り，集団サイズが小さいほど遺伝的浮動の効果が強くなることから選択の効果は相対的に弱くなり，集団サイズが大きいほど逆に選択が有効に働くことになる．太田朋子は，**突然変異には弱有害なものが多いと仮定すると，現実の観察データをよりうまく説明できる**ことを示した．これが，**分子進化のほぼ中立説**である(Ohta 1992)．

なお，木村は，遺伝的浮動と選択が同時に働く時に特定のアリルが最終的に集団内で固定する確率を，拡散方程式(diffusion equation)を利用して近似して求めることができることを提唱した(Kimura 1962)．詳しく知りたい方は別の文献を参照してほしい(Crow and Kimura 1970; Säll and Bengtsson 2017)．

第 2 章

量的遺伝学入門

2.1　狭義の遺伝率と育種家方程式

本章では，遺伝モデルのもう1つのモデルである量的遺伝学について概説する．本格的に勉強したい読者は別の文献を参照してほしい(Falconer 1989; Roff 1997; Walsh and Lynch 2018)．わかりやすい初学者への入門書としては，Gillespie(2004)が挙げられる．

野生生物の表現型は，鱗板があるかないか，白色か黒色かのように単純に区別できる質的形質もあれば，体長・体重のような量的形質もある．前者は1つあるいは少数の遺伝子で決定されていることが比較的多く，第1章で概説した集団遺伝モデルの適用が有用なことが多い．一方で，量的形質は多数の遺伝子および環境の効果で規定されていることが多く，そのような場合には，量的遺伝のモデルが有用となる．遺伝子の数と効果の問題については，第5章でもふれる．

量的形質をある特定の単位で計測した時の値を**表現型値(phenotypic value)**という(Falconer 1989)．例えば，魚の体長(mm)あるいは体長を対数変換した値などである．集団における表現型値の分布は，一般に正規分布(normal distribution)またはガウス分布(Gaussian distribution)と呼ばれる分布によく従うことが知られている(図 2.1)(Whitlock and Schluter 2014)．正規分布は，平均値(μ)と分布のばらつきを表す標準偏差(σ)を与えることで規定される(図 2.1)．正規分布で表される集団は$\mu-\sigma$から$\mu+\sigma$の間に約 2/3 の個体が，

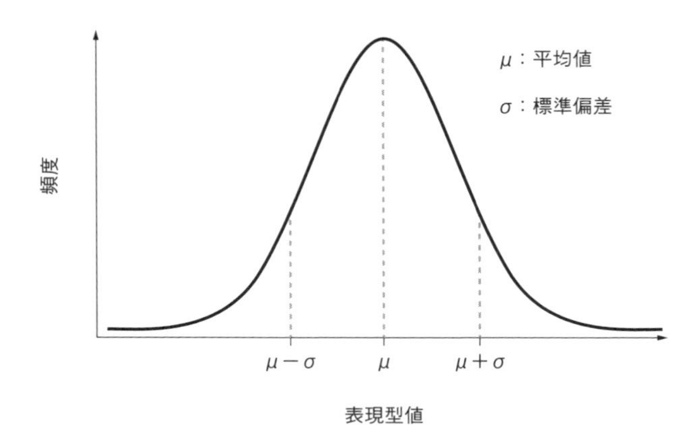

図 2.1　正規分布(ガウス分布).　量的形質の表現型値は，正規分布を示す場合が多い．正規分布は，平均値(μ)と分布のばらつきを表す標準偏差(σ)を与えることで規定される．$\mu-\sigma$ から $\mu+\sigma$ の間に約 2/3 の個体が入る特徴がある．計測した生データそのものよりも，対数変換などを行った方が正規分布により近づくことがある(Whitlock and Schluter 2014).

$\mu-2\sigma$ から $\mu+2\sigma$ の間に約 95%の個体が入る特徴がある．なお，σ の二乗を分散という(BOX 2 参照)．量的遺伝モデルでは，後述のように，この分散を理解することが必要になる．

さて，ここでは，量的遺伝モデルを用いて，直感的に理解しやすい方向性選択の作用について考えてみよう．ある量的形質について，大きな表現型値の方が適応度が高い(例えば生存率が高い)というような方向性のある選択が働く場合を考えてみよう．図 2.2 の一番上には選択が働く前の表現型値の分布を示した．この集団に，表現型値が高いほど適応度が高いという方向性選択が働くと，分布と平均値は右にシフトするであろう．この平均値のシフトを $\boldsymbol{S}$(**selection differential；選択差**)という(図 2.2)．一方，量的遺伝モデルでは，(仮定の真偽はひとまず置いておいて)選択の前後で分散は一定と仮定することが多い．突然変異などで常に一定の分散が維持されていると仮定するのである．

量的形質は環境要因の影響も大きいため，親世代でシフトした変化の全てが子孫に反映されるわけではない．ここで，次世代の表現型値の平均と選択前の表現型値の平均の差を $\boldsymbol{R}$(**response to selection；選択への応答**)と呼ぶ(図 2.2)．すると，以下の関係が成立する．

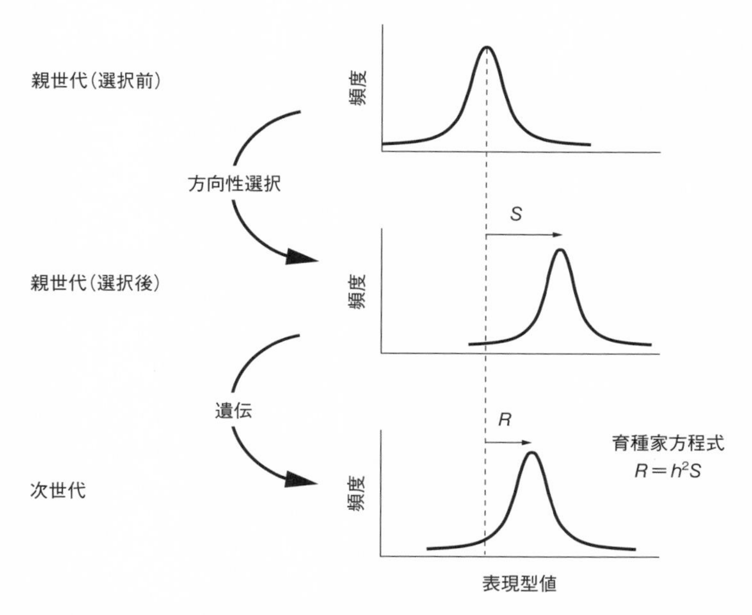

図 2.2　方向性選択による表現型の変化．　量的形質に方向性選択（ここでは，表現型値が大きいほど有利となる方向性選択を仮定）が働くと分布と平均値がシフトする．選択が作用した世代における平均値のシフト S を選択差，次世代で観察される平均値のシフト R を選択への応答と呼ぶ．狭義の遺伝率 h^2 を用いることで，育種家方程式 $R=h^2S$ が成立する．

$$R = h^2 S \qquad (\text{式 } 2.1)$$

ここで，h^2 は**狭義の遺伝率**（**narrow sense heritability**）と呼ばれる（優性度を表す h とは無関係であることに注意）．この方程式は**育種家方程式**（**breeder's equation**）と呼ばれ，h^2 の値が事前にわかっていれば，どの程度の強さの選択をかけると 1 世代でどのように表現型が変化するかを予測できるというのである．

家系を用いて親と子の表現型値を比較することで，h^2 を実験的に求めることが可能である（図 2.3）．X 軸に両親の表現型値の平均値（midparent value という）をとり，Y 軸に子の表現型値をとって，この回帰直線の傾きを求めると h^2 になる．すなわち，両親の表現型値の平均値が集団の平均から S だけ離れていた場合，子の表現型値の期待値は S に傾き h^2 をかけた h^2S になるはずで

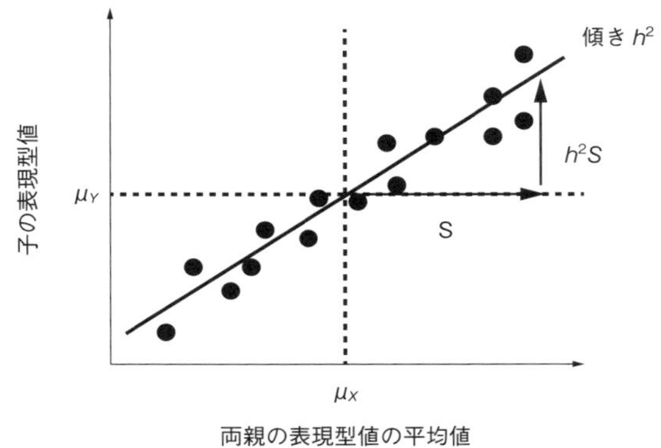

図 2.3　狭義の遺伝率の求め方． 複数の家系について，X 軸に両親の表現型値の平均値(midparent value)をとり，Y 軸に子の表現型値をとってプロットする．この X と Y の回帰直線の傾きを最小二乗法で求めたものが狭義の遺伝率(h^2)になる．すなわち，midparent value が集団の平均(μ_X)より S だけ大きい場合，子の値は集団の平均(μ_Y)より h_2S だけ大きくなる．

あるからである．回帰直線の傾きを最小二乗法を用いて求める場合，X と Y の共分散を X の分散で割ることで傾きが求められる．すなわち

$$h^2 = \frac{\sum(x_i - \mu_X)(y_i - \mu_Y)/n}{\sum(x_i - \mu_X)^2/n} \qquad \text{(式 2.2)}$$

となる．ここに μ_X は親世代の平均値，μ_Y は子世代の平均値であり，i はある家系を示す．

様々な形質について，野生生物の遺伝率(h^2)が計算されているが，一般に，形やサイズなどの形態形質の方が生活史形質(出生時サイズ，繁殖年齢などのライフイベントに関わる形質)よりも高い遺伝率を持つことが知られている(Mousseau and Roff 1987)．

2.2　選 択 勾 配

量的遺伝学の分野では，集団の表現型値の分散を V_P，相加的遺伝分散を V_A で表す．相加的遺伝分散(additive genetic variance)V_A とは何であろうか？　こ

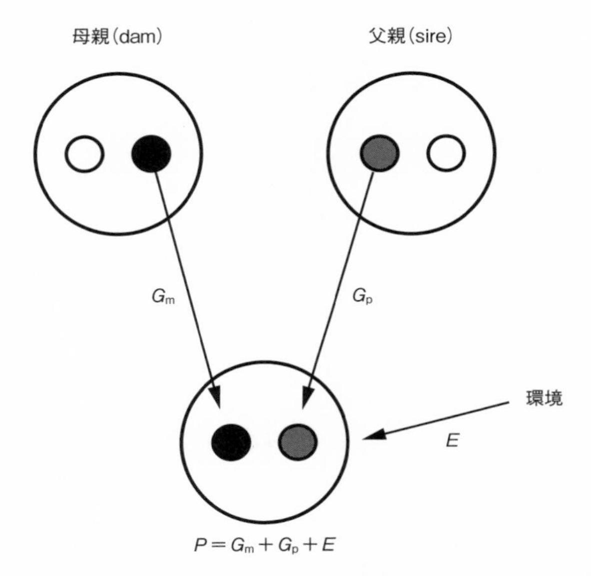

図 2.4 相加的遺伝子効果. 子の表現型値(P)は，母親から受け継いだ遺伝子効果(G_m)と父親から受け継いだ遺伝子効果(G_p)と環境効果(E)の足し合わせで決まるとする相加的なモデルを示す.

こでは単純な量的遺伝モデルとして，遺伝的効果の全てが相加的である，すなわち，表現型値は遺伝子と環境の効果の足し合わせで決まることを仮定する．例えば，図 2.4 のように，母親(dam)から効果 G_m のアリルを受け取り，父親(sire)から効果 G_p のアリルを受け取るとすると，子の表現型の表現型値 P は，

$$P=G_m+G_p+E$$

となる．ここに，E は環境の効果である．G_m，G_p，E のいずれも，平均の値がゼロになるように補正した値である．すなわちプラスであれば，表現型値を大きくする効果があり，マイナスであれば表現型値を小さくする効果がある．これらの足し合わせで，個体の表現型値 P が決まるというモデルである．

ここに，G_m の分散と G_p の分散の和を相加的遺伝分散 V_A という．すなわち

$$V_A=\mathrm{Var}(G_m)+\mathrm{Var}(G_p)$$

である．父親から受け継ぐ効果の分散と母親から受け継ぐ効果の分散の和とい

える．父親と母親が等価で集団からランダムに選ばれるような場合，$\mathrm{Var}(G_\mathrm{m}) = \mathrm{Var}(G_\mathrm{p})$であるとすることができるので，

$$V_\mathrm{A} = 2 \times \mathrm{Var}(G_\mathrm{m}) \qquad \text{(式 2.3)}$$

の関係が成立する．

さてここで，さきほどの式2.2をV_AとV_Pを用いて書き換える．計算の詳細はBOX 2に示した通りであるが，式2.2の分子は$1/2 \times V_\mathrm{A}$で，分母は$1/2 \times V_\mathrm{P}$である．したがって，式2.2は，

$$h^2 = \frac{V_\mathrm{A}/2}{V_\mathrm{P}/2} = \frac{V_\mathrm{A}}{V_\mathrm{P}}$$

となる．これを式2.1に代入すると，

$$R = \frac{V_\mathrm{A}}{V_\mathrm{P}} S$$

となる．ここで，量的遺伝学におけるならわしにしたがって，$R = \Delta z$，$\beta = S/V_\mathrm{P}$とすると，

$$\Delta z = V_\mathrm{A} \beta \qquad \text{(式 2.4)}$$

となる．このβを**選択勾配(selection gradient)**といい，野生生物でβを計算することで，野生生物に働いている選択の強度を計算することが可能だが，それについては第3章で説明する．

2.3　遺伝的相関による進化のバイアス

ここまでは，単一の形質のみに選択がかかって単一の形質のみが進化するケースを想定した．しかし，通常，各々の形質は独立ではなく，遺伝的相関がある場合が多い．そのような場合，1つの形質に働く選択は別の形質の進化も連動して引き起こしうる．直感的に説明すると，形質1と形質2の間に正の遺伝的相関があると，形質1の大きな親から形質2の大きな子が生まれる傾向があるということである．形質1が大きくなる方向に方向性選択がかかり，形質

2 には選択がかかっていない場合には何が起こるであろうか？　方向性選択によって形質 1 が大きくなると，遺伝的相関があるが故に，たとえ形質 2 は中立であっても，形質 2 も連動して大きくなると予測できる．

これを理解するために，さきほどの式 2.4 を複数の形質に拡張しよう．形質 1 と形質 2 の遺伝共分散を V_{12} とし，形質 1 と形質 2 のそれぞれの相加的遺伝分散を V_1 と V_2 とする．また，形質 1 と形質 2 に働く選択勾配を β_1 と β_2，形質 1 と形質 2 の選択への応答を Δz_1 と Δz_2 とすると，

$$\begin{pmatrix} \Delta z_1 \\ \Delta z_2 \end{pmatrix} = \begin{pmatrix} V_1 & V_{12} \\ V_{12} & V_2 \end{pmatrix} \begin{pmatrix} \beta_1 \\ \beta_2 \end{pmatrix}$$

で表せる．右辺の 1 項目の行列を ***G* 行列**(***G*-matrix**)と呼ぶ．この方程式は，Lande 方程式とも呼ばれる(Lande 1979)．

すなわち，進化は，必ずしも，適応的な形質の組み合わせに向かって直線的に進行するわけではなく，*G* 行列によってバイアスを受けるのである．図 2.5 のように，形質 1 と形質 2 に遺伝的相関があり，形質 1 に対しては方向性選択がかかるが，形質 2 には選択がかかっていない状況を想定しよう．方向性選択によって形質 1 が大きくなると，遺伝的相関があるが故に，形質 2 も連動して大きくなると予測できる．その後，形質 2 がある程度大きくなると，今度は形質 2 を小さくするような選択が働くであろう．このように，遺伝的相関によってバイアスを受けた進化の道筋は，遺伝的最小抵抗経路(genetic line of least resistance)とも呼ばれる(Schluter 2000)．

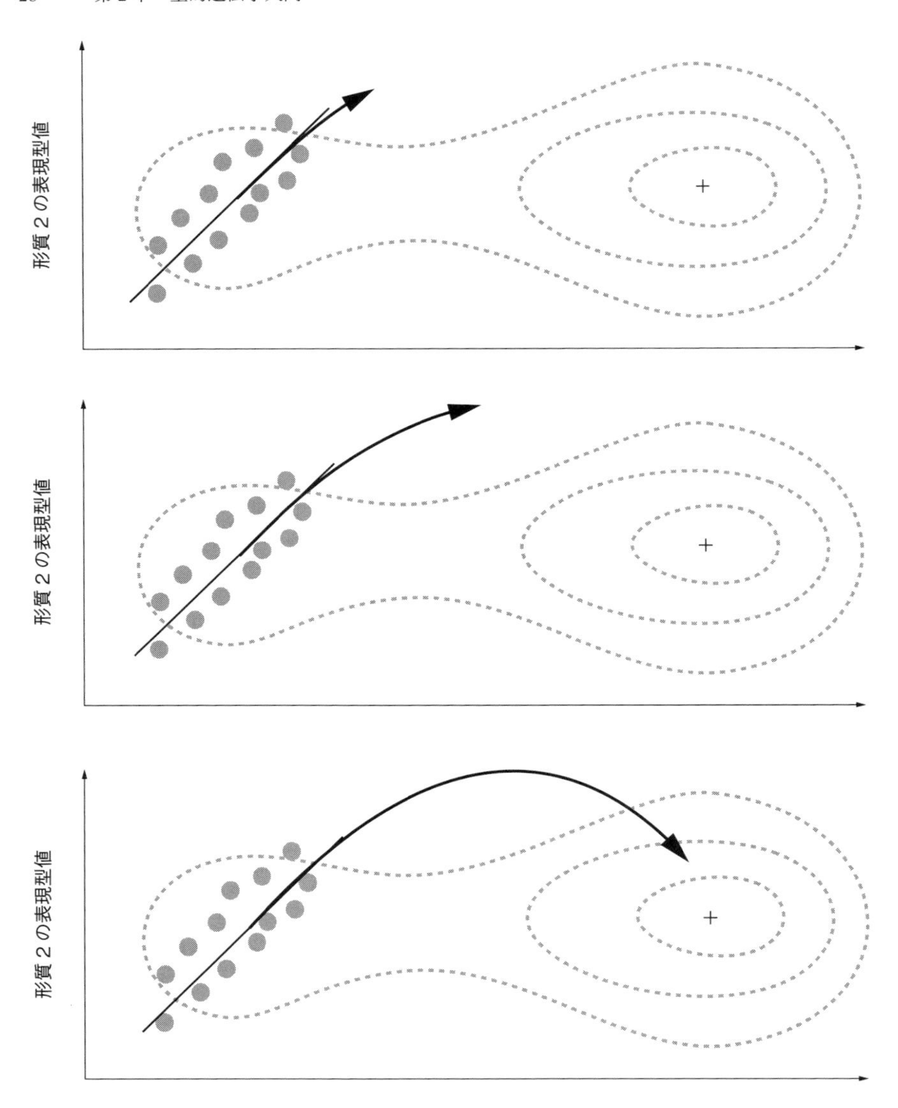

図 2.5　遺伝的相関による進化経路のバイアス．　初期段階(上)で，形質1に対しては表現型値を大きくする方向性選択がかかるが，形質2には選択がかかっていない場合を想定する．方向性選択によって形質1が大きくなると，形質1と形質2に遺伝的相関がある場合，形質2も連動して大きくなる(中)．形質2がある程度大きくなると，形質2を小さくするような選択が働くことで最終的に適応頂点(最も適応度が高い状態)に近づく(下)．＋は適応頂点，点線は適応度の等高線，矢印は集団の平均値のシフトを示す．●は初期状態での集団の分布を示す．

BOX 2：育種家方程式と選択勾配の関係

まず，x の分散 $\mathrm{Var}(x)$ とは，x の平均値(μ_x)と個々のデータ x_i の差の二乗の平均である．

$$\mathrm{Var}(x)=\frac{1}{n}\sum_{i=1}^{n}(x_i-\mu_x)^2$$

次に，x と y の共分散とは，

$$\mathrm{Cov}(x,y)=\frac{1}{n}\sum_{i=1}^{n}(x_i-\mu_x)(y_i-\mu_y)$$

である．ここに μ_y は y の平均値である．

ここに，分散と共分散に関して，次のような公式が存在する．これらの証明に関しては数学の教科書を参照してほしい．

$$\mathrm{Var}(ax)=a^2\mathrm{Var}(x) \quad \text{(公式 2.1)}$$
$$\mathrm{Var}(x+y)=\mathrm{Var}(x)+\mathrm{Var}(y)+2\mathrm{Cov}(x,y) \quad \text{(公式 2.2)}$$
$$\mathrm{Cov}(ax,y)=a\mathrm{Cov}(x,y) \quad \text{(公式 2.3)}$$
$$\mathrm{Cov}(x_1+x_2,y)=\mathrm{Cov}(x_1,y)+\mathrm{Cov}(x_2,y) \quad \text{(公式 2.4)}$$
$$\mathrm{Cov}(x,x)=\mathrm{Var}(x) \quad \text{(公式 2.5)}$$

さて，式 2.2 の分子は，両親の表現型値の平均値(midparent value)と子の表現型値の共分散であった．ここで，母親の表現型値を M，父親の表現型値を F，子の表現型値を Of とすると，この分子は，

$$\mathrm{Cov}\left(\frac{M+F}{2},Of\right)$$

となり，公式 2.3 を用いると，

$$\frac{1}{2}\mathrm{Cov}(M+F,Of)$$

となり，さらに，公式 2.4 を用いると，

$$\frac{1}{2}\{\mathrm{Cov}(M,Of)+\mathrm{Cov}(F,Of)\}$$

になる．

ここで，$\mathrm{Cov}(M, Of)$，すなわち，ある母親1個体の表現型値 M とその母親の子1個体の表現型値 Of の共分散を計算してみよう．図2.4より，

$$M = G_{\mathrm{m}} + G_{?} + E_{\mathrm{m}}$$
$$Of = G_{\mathrm{m}} + G_{\mathrm{p}} + E_{\mathrm{of}}$$

である．$G_{?}$ は，母親のアリルでありながら子に伝わらなかった方のアリルの持つ効果である．これらの共分散 $\mathrm{Cov}(G_{\mathrm{m}} + G_{?} + E_{\mathrm{m}}, G_{\mathrm{m}} + G_{\mathrm{p}} + E_{\mathrm{of}})$ は，公式2.4を用いると，

$$\begin{aligned}&\mathrm{Cov}(G_{\mathrm{m}}, G_{\mathrm{m}}) + \mathrm{Cov}(G_{\mathrm{m}}, G_{\mathrm{p}}) + \mathrm{Cov}(G_{\mathrm{m}}, E_{\mathrm{of}}) + \mathrm{Cov}(G_{?}, G_{\mathrm{m}})\\ &+ \mathrm{Cov}(G_{?}, G_{\mathrm{p}}) + \mathrm{Cov}(G_{?}, E_{\mathrm{of}}) + \mathrm{Cov}(E_{\mathrm{m}}, G_{\mathrm{m}})\\ &+ \mathrm{Cov}(E_{\mathrm{m}}, G_{\mathrm{p}}) + \mathrm{Cov}(E_{\mathrm{m}}, E_{\mathrm{of}})\end{aligned}$$

となる．ここで，親子以外は血縁関係がなく共分散がないこと，環境の効果はランダムで環境と遺伝型の間に相互作用(G×E相互作用)がないことを仮定すると，$\mathrm{Cov}(G_{\mathrm{m}}, G_{\mathrm{m}})$ のみが残り，それ以外の項はゼロになる．$\mathrm{Cov}(G_{\mathrm{m}}, G_{\mathrm{m}})$ は，公式2.5により $\mathrm{Var}(G_{\mathrm{m}})$ である．式2.3により，$\mathrm{Var}(G_{\mathrm{m}})$ は $1/2 \times V_{\mathrm{A}}$ である．したがって，

$$\mathrm{Cov}(M, Of) = \frac{1}{2} V_{\mathrm{A}}$$

である．同様に，

$$\mathrm{Cov}(F, Of) = \frac{1}{2} V_{\mathrm{A}}$$

である．したがって，

$$\frac{1}{2}\{\mathrm{Cov}(M, Of) + \mathrm{Cov}(F, Of)\} = \frac{1}{2}\left\{\frac{1}{2} V_{\mathrm{A}} + \frac{1}{2} V_{\mathrm{A}}\right\} = \frac{1}{2} V_{\mathrm{A}}$$

であることから，式2.2の分子は，$1/2 \times V_{\mathrm{A}}$ になる．

次に，式2.2の分母は，両親の表現型値の平均値(midparent value)の分散であった．すなわち，

$$\mathrm{Var}\left(\frac{M + F}{2}\right)$$

である．ここで，公式 2.1 を用いると，

$$\frac{1}{4}\mathrm{Var}(M+F)$$

となり，公式 2.2 を用いると，

$$\frac{1}{4}\{\mathrm{Var}(M)+\mathrm{Var}(F)+2\mathrm{Cov}(M,F)\}$$

になる．雌雄で分散が等しいと仮定すると，$\mathrm{Var}(M)$ と $\mathrm{Var}(F)$ の期待値は等しく集団の表現型値の分散 V_{P} と同じになる．また，母親と父親の間に遺伝的相関はないと仮定すると，$\mathrm{Cov}(M,F)=0$ となる．したがって，式 2.2 の分母は

$$\frac{1}{4}\{V_{\mathrm{P}}+V_{\mathrm{P}}\}=\frac{1}{2}V_{\mathrm{P}}$$

である．

第3章

適応進化の遺伝基盤：表現型から迫る

3.1　適応・適応度とは？

生物は実にうまく生息環境に適応している．第3〜5章で扱う素朴な疑問は「生物は，どうやってうまく環境に適応進化するのか？」である．適応進化の遺伝基盤を研究する方法には，トップダウンとボトムアップの2つのアプローチがある．トップダウンアプローチでは，適応に関与する表現型をまず明らかにし，その表現型が進化した遺伝機構を研究する．ボトムアップアプローチでは，ゲノム配列情報から選択のかかった痕跡を示す遺伝子を同定し，次いで，その遺伝子の機能を解析する．本章ではトップダウンアプローチを概説し，第4章でボトムアップアプローチを概説する．

まずは，**適応**(**adaptation**)と**適応度**(**fitness**)の用語について定義しておこう．フツイマとカークパトリックの進化生物学の教科書によると，適応とは「それを持つ個体の生存や繁殖を，持たない個体よりも相対的に高めるような性質」のことをいう(Futuyma and Kirkpatrick 2017)．また，適応度とは「ある個体が次世代に残す子孫の数」と定義できる．

しかし，ある個体が次世代に残す子孫の数を実際にカウントするのは難しいことが多い．そのような場合には，適応度を構成する1つの要素(**適応度要素：fitness component**)に着目して，表現型が適応度要素に与える影響を調べる．例えば，幼少期の生存率や交配成功率などのことである．適応度要素と明確に区別するために，全体の適応度を(**全適応度：total fitness**)と呼ぶこともある．

3.2　適応形質を見つける

ある表現型が適応的かどうかを明らかにするには3つほどの方法がある．1つ目は，表現型と環境の相関を検証する方法である．特定の環境で特定の表現型がよく観察された場合，その表現型はその環境で適応的であると推論することができる．相関関係の検証は，適応に関わる表現型を見出す第一歩として重要であるものの，あくまでも帰納的推論であり，さらなる実験による検証が必要である．

相関関係を解析する際の注意点として，系統関係を考慮する必要性が挙げられる（Felsenstein 1985; Harvey and Pagel 1991）．例えば，ある表現型に着目し，表現型を構成する形質の値を複数の種で計測したところ，環境値と表現型値の間にきれいな相関関係があるように見えたとする（図3.1A）．しかし，計測に用いた種の系統関係を解析した結果，図3.1Aの下のように大きく2つの系統に分けることができたとしよう．このような場合，環境値と表現型値の間に相関があるといってよいのであろうか？　これらを単純に混ぜて相関解析してはいけない．なぜなら，図3.1Aの例では，進化的には一回のイベントを解析しているにすぎないので，統計検定において厳密には$N=1$とするのが適切であろう．これを単純に$N=5$として検定すると，相関解析の有意差を過剰に判定してしまうからである．一方，図3.1Bの例では，進化的に独立した5回のイベントを見ているので，$N=5$ずつと捉えることができる．複数種を用いた相関解析を行う場合には，系統的に独立したペアで比較することが大事である．系統関係を考慮に入れた相関関係の統計解析手法すなわち**系統補正法**（**phylogenetic correction**）はいくつか開発されており，別の文献を参照してほしい（Harvey and Pagel 1991; Paradis 2012）．とはいえ，種内での相関解析の場合には，集団の正確な系統関係を知ることが難しいこともあり，系統関係を考慮せずに解析されることもある．

系統的に独立したペアで共通した表現型が観察される顕著な例は，**平行進化**（**parallel evolution**）や**収斂進化**（**convergent evolution**）である（図3.2）（Losos 2017）．平行進化とは，同じような表現型を持っていた系統的に離れた分類群

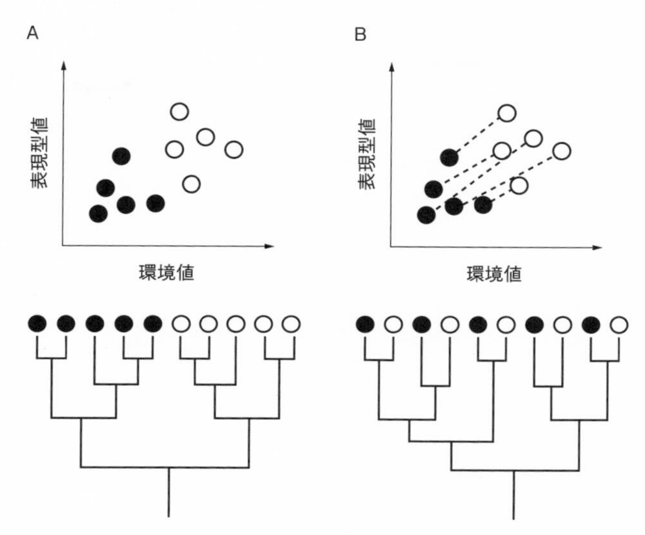

図 3.1　相関解析において系統関係を考慮する必要性．　A と B のどちらの事例においても，環境値と表現型値の間に相関があるように見える．しかし，系統関係を調べたところ，A のように表現型値の高い種(○)と低い種(●)がそれぞれ別の系統に属していることがわかったとする．この場合，表現型の変化は黒と白の分岐のところで生じた一回きりのイベントを見ており，$N=5$ として相関解析を行うと相関を過剰に見積もってしまうことになる．一方で，B のように，表現型値の高い種(○)と低い種(●)の分化が独立して 5 回生じている場合は，$N=5$ として相関解析を行ってよいであろう．このように系統的に独立したペアを多く用いて相関解析を行うことが重要である．

が，似たような進化的変化を起こして新たに同じような表現型を示す現象をいう．収斂進化とは，系統的に離れた分類群において，異なる表現型から同じような新たな表現型が進化する現象をいう．何をもって「同じよう」とするのかが難しいことなどもあり，平行進化と収斂進化の区別は厳密には難しく，最近は平行進化と収斂進化を特に区別しないことも多い(Arendt and Reznick 2008)．

ある表現型が適応的かどうかを明らかにするための 2 つ目の方法は，ある集団において，表現型と適応度の相関を検証する方法である．量的形質の場合，観察した個体の表現型値を X 軸に，適応度(適応度要素であれ全適応度であれ)を Y 軸にプロットすることで，表現型値と適応度の関係性を明らかにできる．この関係を描いたグラフを**適応地形(adaptive landscape)**という(図 3.3)．古典的には，適応地形の形を「方向性選択(directional selection)」「安定化選択

平行進化(parallel evolution)

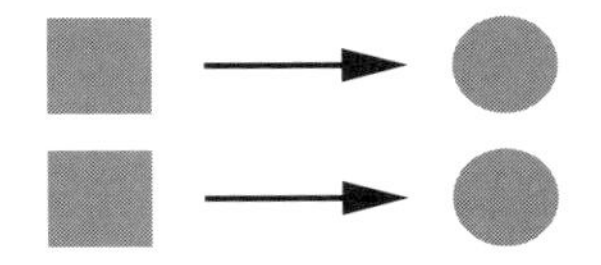

収斂進化(convergent evolution)

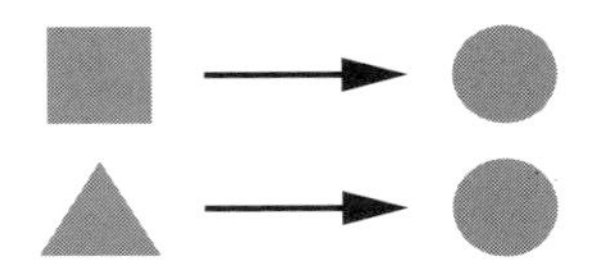

図 3.2　平行進化と収斂進化.　同じような表現型(□)を持っていた系統的に離れた分類群が，似たような進化的変化を起こして新たに同じような表現型(○)を示す現象を平行進化という．系統的に離れた分類群において，異なる表現型(□と△)から同じような新たな表現型(○)が進化する現象を収斂進化という．何をもって同じとするのかが難しいことなどもあり，特に区別しないことも最近は多い．

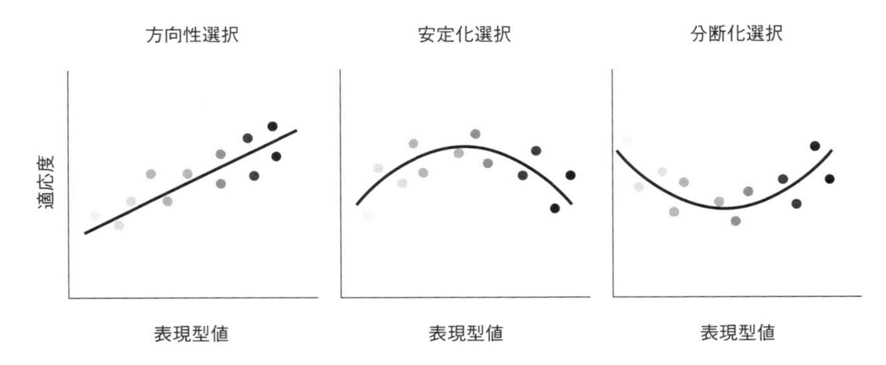

図 3.3　適応地形の代表的な種類.　観察した個体の表現型値をX軸に，適応度をY軸にプロットする．表現型値が大きいほど(あるいは小さいほど)適応度が上昇する場合を方向性選択と呼ぶ．表現型値が特定の値であるほど適応度が高く，それより大きくても小さくても適応度が低下する場合を安定化選択という．表現型値が特定の値であるほど適応度が低く，それより大きくても小さくても適応度が高くなる場合を分断化選択という．

(stabilizing selection)」「分断化選択(disruptive selection)」に分けるが，もっと複雑な形状のものもある．方向性選択の場合，表現型値と適応度の関係を表す回帰直線の傾きを求めることができ，これを**選択勾配 β(selection gradient)**

$$\text{傾き}\ \beta = \frac{\text{表現型値と適応度の共分散}}{\text{表現型値の分散}}$$

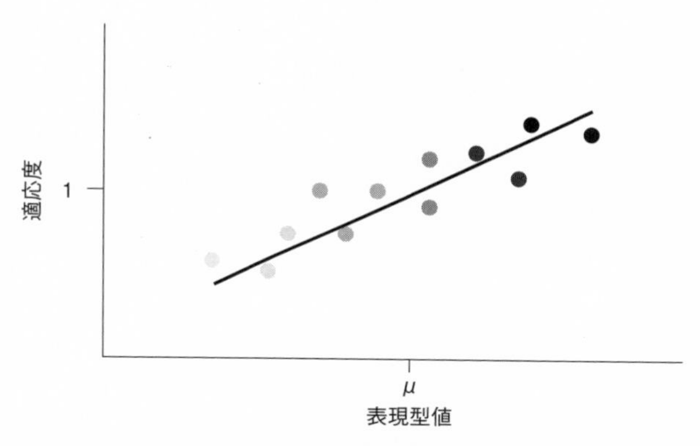

図 3.4　選択勾配.　方向性選択の場合，表現型値と適応度の関係を表す回帰直線の傾きを選択勾配 β という.

という(図 3.4). この傾きが大きいほど選択が強いことを示す. この選択勾配 β は, 2.2 で学んだ β と同じなのだが, より詳しく知りたい読者は BOX 3.1 を参照してほしい. 野外集団で計測された β に関しては, BOX 3.2 を参照してほしい.

3 つ目の方法は, 表現型が適応度に貢献する何らかのパフォーマンスを高めるかどうかを実験的に検証するものである. 例えば, ビーチマウスの毛色が捕食者からの隠蔽というパフォーマンスに役立つという仮説を実験的に検証した実験では, 実際のビーチマウスを用いる代わりに, 毛色の異なるぬいぐるみが検証に用いられている(Vignieri *et al*. 2010). 背景が白い環境では白いぬいぐるみよりも茶色のぬいぐるみの方が捕食者から襲われる回数が多く, 背景が茶色の環境では逆の結果になる. イトヨの鱗板(体の側面を覆う骨化組織)が捕食者から身を守るパフォーマンスに役立つという仮説を検証した実験もある. 鱗板数が多い方が, 大型の捕食魚に攻撃されて逃走した後, 体に傷がつきにくく死亡率も低いという傾向が示されている(Reimchen 1992).

3.3　適応形質の遺伝基盤を探る手法：QTL マッピング

適応に関与する表現型が同定できたとして，次は，その表現型の多様性を生み出す遺伝基盤を探る手法を学ぼう．ここでは，代表的な手法である QTL マッピングと GWAS を学ぶ．

QTL マッピングとは，**量的形質遺伝子座(quantitative trait loci)マッピング**の略である．本手法は，量的形質だけではなく質的形質(白か黒か，など)にも応用できる．QTL マッピングでは，(1)家系の作出，(2)家系に属する個体の表現型解析，(3)家系に属する個体についてマーカー座位での遺伝型を決定，(4)連鎖地図の作成，(5)マーカー間の遺伝型の統計的推定，(6)QTL 解析の順に実施される．

まず，表現型の異なる個体を交配して人為的に家系を作出する(図 3.5)．例

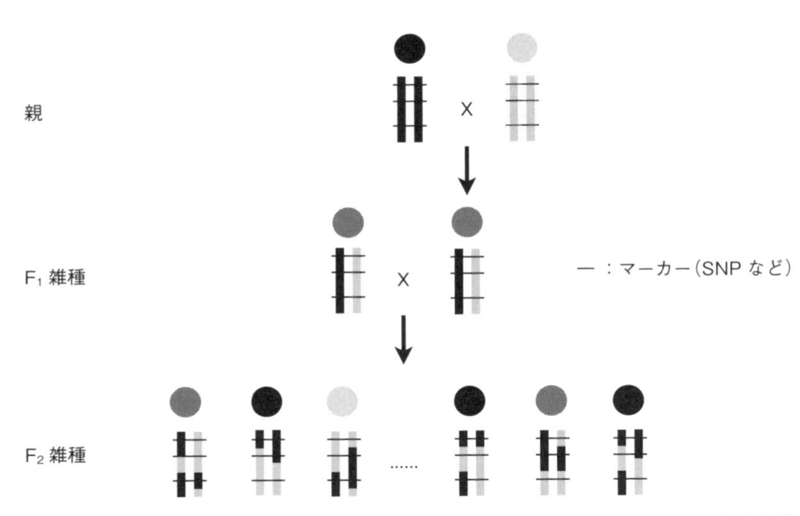

図 3.5　QTL(量的形質遺伝子座)マッピング．　表現型の異なる個体を交配して家系を作出する．この図では，まず F_1(雑種1世代目)を作出し，F_1 どうしを交配して F_2(雑種2世代目)を作出している．F_2 は遺伝的にも表現型的にも多様になると期待される．SNP などのマーカーの遺伝型を決めることで，表現型と相関する遺伝子座を同定できる．F_1 を片親に戻し交配する実験デザインもよく使われる．

えば，表現型の異なる個体を交配して F_1 雑種を作出し，その F_1 どうしをかけ合わせると F_2 雑種が作出できる．F_1 雑種の生殖細胞では減数分裂の際に組換えが起こるため，F_2 雑種では多様な遺伝型・表現型が生まれると期待される．これら F_2 雑種について表現型を解析し，交配に使った親 F_0 と F_2 雑種について，マーカー座位における遺伝型を決める．以前はマイクロサテライトと呼ばれる繰り返し配列のリピート数がマーカーとしてよく用いられたが，現在は一塩基多型（single nucletide polymorphism; SNP）の情報などが用いられる．通常，染色体上での距離が近いマーカーは F_1 の生殖細胞内での減数分裂時の組換え率（r）が低く，位置の離れたマーカーでは組換え率が高くなる．異なる染色体に座乗するマーカーの場合には完全に独立して（$r=0.5$）配偶子に伝わるであろう．同じようなパターンで子孫世代へとアリルが伝達されるマーカーは互いに近く，逆に，互いに独立して伝達するマーカーは離れていると推定できる．このようなマーカーの伝達の仕方から距離的な関係性を推定して連鎖地図（linkage map）を作成する．連鎖地図上のマーカー間の距離は，センチモルガン（cM）で表記される．1 cM とは，100 回の減数分裂あたり 1 回の割合で組換えが生じる距離である．多くの場合，連鎖地図上の距離（cM）と物理距離（bp）は相関があるものの完全に比例しない．なぜなら，染色体上には組換え率の高い場所（組換えホットスポット）や低い場所（組換え抑制領域）があるからである．

マーカー座位での遺伝型は実験的に決めることができるが，マーカーとマーカーの間隙の遺伝型はどのように決めたらよいのであろうか．マーカー間の遺伝型は，両マーカー座位での遺伝型と連鎖地図を利用して統計的に推定することが多い．マーカー間の距離がそれなりに近いとすると，これらの間で 2 回以上の組換えが起こる可能性は低いと仮定できるため，連鎖距離に比例して遺伝型の確率が求まる．例えば，マーカー A に近いところではマーカー A 座位における遺伝型，マーカー B に近いところではマーカー B 座位における遺伝型の確率がそれぞれ高く，中間では 50％の確率でどちらかになるであろう．このように，マーカー間の遺伝型として確率値を用いる方法を interval mapping という．

さて，最後に，表現型と相関のある遺伝子座を推定する．この際に最尤法という統計手法を利用することが多い（図 3.6）．着目した遺伝子座が表現型に関与しているというモデル（H_1）と関与していないというモデル（H_0）のそれぞれ

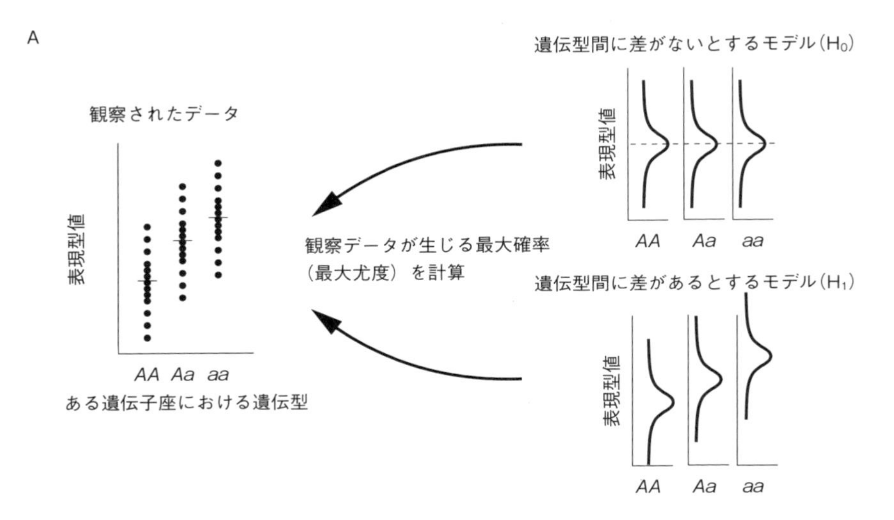

B

LOD スコア ＝ $\log_{10}(L_1/L_0)$

L_0：遺伝型間に差がないモデル(H0)での最大尤度
L_1：遺伝型間に差があるモデル(H1)での最大尤度

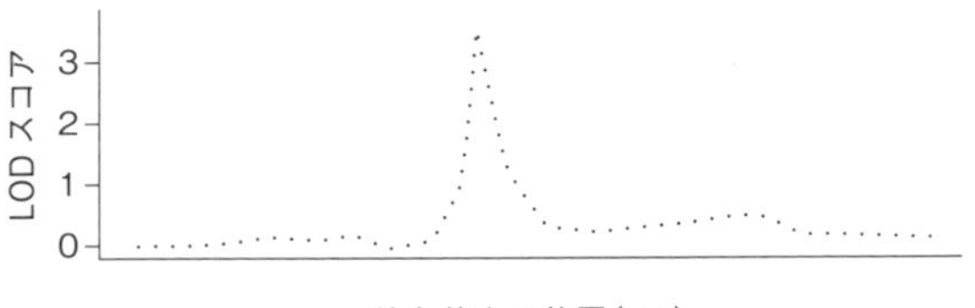

図 3.6　QTL マッピングにおける LOD スコア．(A)ある遺伝子座の遺伝型(ここでは AA と Aa と aa)が表現型に関与しているというモデル(H_1)と関与していないというモデル(H_0)の最大尤度を求める．(B)それぞれの最大尤度 L_1 と L_0 の比をとって，さらに 10 を底とする対数をとったものが LOD スコアである．LOD スコアの高いところに表現型の違いに関与する遺伝子が座乗している．

で尤度を最大化するパラメーターを推定し，その最大尤度を求める(図 3.6A)．それぞれの最大尤度の比をとって，さらに 10 を底とする対数をとったものが LOD スコアである(図 3.6B)．この値が高いところに原因遺伝子が座乗していると推測される．なお，尤度とは，あるパラメーター値に基づいたモデルで，観測している事象が起こる確率のことをいう．LOD＝3とは，着目した遺伝子座が表現型に関与していないというモデル(H_0)に対して関与しているというモデル(H_1)の方が，実測データを生み出す確率が 10^3＝1000倍高いことを示す．手法の詳細を知りたい読者は別の文献を参照してほしい(Broman and Sen 2009; 立田 2012)．

3.4　適応形質の遺伝基盤を探る手法：GWAS

上述のQTLマッピングでは，家系を作出して連鎖地図を作成するという手順が必要だが，表現型多型を示す野生集団を利用して表現型の遺伝基盤を探る手法が**GWAS(genome-wide association study：ゲノムワイド関連解析)**である．GWASでは，野生個体を採集して表現型を解析し，同時にマーカー座位での遺伝型を解析して，表現型と相関のある遺伝子座を見出す(山道と印南 2009)．

GWASでは，実験室内で交配するという手間や時間を必要としないことが大きな利点である．また，QTLマッピングでは特定の家系の解析しかできないが，GWASでは集団全体の様子を知ることにも役立つと期待される．加えて，野外で自由交配によって過去に何度も組換えが生じているため，かなり高い解像度が期待できる．すなわち，原因遺伝子座に非常に近いマーカーの遺伝型のみが，表現型と有意な相関を示すと期待される．しかし逆にいうと，マーカー数が少なければ少ないほど，表現型と相関のある遺伝子座を見逃しうる．かつては技術的・金銭的限界によって解析できるマーカー数に限界があり高解像度で遺伝型を決定することが難しかったが，近年のゲノム解析技術の進展によって野生生物のGWASも比較的容易になりつつある．QTLマッピングやGWASにおける個体数やマーカー数をどのように選んだらよいかについては，BOX 3.3を参照してほしい．

3.5　原因遺伝子座を絞り込めると選択係数(*s*)を計算できる

表現型に与える効果の強い遺伝子については，QTL マッピングや GWAS のみによって原因遺伝子座がある程度のゲノム領域まで絞り込める．その場合，その遺伝子座に働く選択係数(*s*)を実験的に求めることが可能になる．例えば，生存率に関わる選択係数を求めてみよう．ここでは集団サイズが十分大きいなどの理由で遺伝的浮動の効果は無視できると仮定する．選択の前後での各遺伝型の頻度が計測できたとする．選択前の *A* の頻度を p_0，*a* の頻度を q_0 であるとする．この時，*AA*，*Aa*，*aa* の頻度はハーディー・ワインバーグの法則により p_0^2，$2p_0q_0$，q_0^2 である．下記のような選択(1.4 参照)が働くとすると，選択後の頻度は $p_0^2(1-s)/W$，$2p_0q_0(1-hs)/W$，q_0^2/W になる．ここに，$W=p_0^2(1-s)+2p_0q_0(1-hs)+q_0^2$ である(図 3.7)．

ここで，選択前後の *AA*，*Aa*，*aa* の頻度の比をとると $(1-s)/W$，$(1-hs)/W$，$1/W$ になる．ここでさらに，*AA* の頻度の比($(1-s)/W$)と *aa* の頻度の比

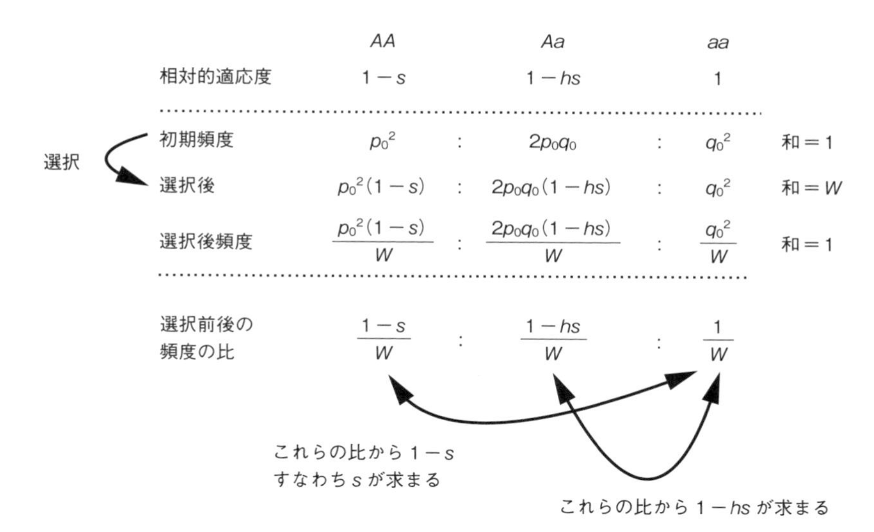

図 3.7　選択係数の求め方．　アリル頻度の変化から，選択係数と優性度を計算することができる．ここでは，遺伝的浮動と移住の効果は無視できるという前提条件をおいている．

$(1/W)$の割り算をすることで，$1-s$，すなわち，sを求めることができる．また，Aaの頻度の比$((1-hs)/W)$とaaの頻度の比$(1/W)$の割り算をすることで，$1-hs$が求まり，sが既に決まっていればhも求めることができる．

したがって，原因遺伝子座におけるアリル頻度がどのように変動するのかを計算すれば，sやhを推定することができる．ここでの計算方法は，集団サイズが無限で遺伝的浮動の効果もなく，他の集団との移住もないことを仮定している．遺伝的浮動や移住の効果も加味して計算する場合は，いくつかのパラメーター値でシミュレーションを行って，どのようなパラメーター値の組み合わせが観測データを最もよく説明できるかというような推定法が必要になる．

3.6 フィッシャーの幾何学モデル

QTLマッピングやGWASによって原因遺伝子座の効果を解析すると，多くの遺伝子座は表現型の変化に対して小さな効果しか持たず，少数の遺伝子座のみが大きな効果を持つという傾向が見えてきた(Flint *et al.* 2005; Albert *et al.* 2008; Peichel and Marques 2017)．なぜ，このような「効果の強い遺伝子座が少数で，効果が弱い遺伝子座が多数」というパターンが生じるのであろうか？ここでは，**どのくらいの強さの効果を持った突然変異が適応進化に貢献しやすいのか**を解析した一連の理論研究を紹介しよう．

集団遺伝学の基礎をつくった開拓者の一人であるロナルド・フィッシャーは，**フィッシャーの幾何学モデル(Fisher's geometric model)**と呼ばれるモデルを使って説明を試みた(Fisher 1930)．図3.8に，独立した2つの形質XとYがある例を示す．形質が2つの場合，フィッシャーの幾何学モデルは2次元になる．原点(O)は最も適応度が高い表現型とする．現在の集団の表現型は，$d/2$だけ離れたところに位置している(円の直径がd)とする．このフィッシャーのモデルでは，集団は1つのアリルを固定しており集団内の多型はないことを仮定している．フィッシャーは，この図を用いてどのような突然変異が生じやすいかについて考察した．突然変異は，集団の表現型を変化させるベクトルとして考えることができる．ベクトルの方向性，すなわち突然変異の方向性はランダムに決まり，円の中心に近づくような突然変異は適応的で，円の中心から

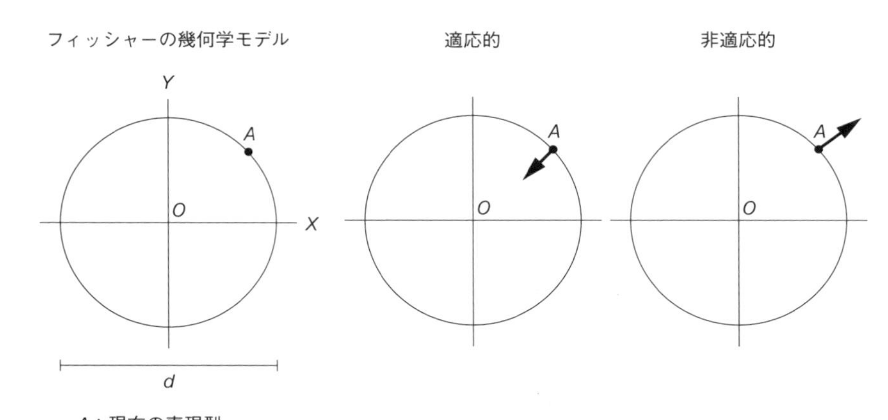

図 3.8　フィッシャーの幾何学モデル．原点(O)に近づくと適応的で，原点から離れると非適応的である．ここでは，2 次元(2 つの形質)の例を示している．

離れる突然変異は非適応的であると考える(図 3.8)．

まず，適応に関与する形質の数が増えるほど，すなわち次元が増えるほど，適応的な突然変異の割合が減ることを見てみよう．1 次元(適応形質が 1 つ)と 2 次元(適応形質が 2 つ)を比較してみよう．$d/2$ よりも効果の弱い突然変異(長さが $d/2$ より小さいベクトル)について考えた場合，1 次元だと，1/2 の確率で適応的となり，1/2 の確率で非適応的になる(図 3.9)．一方，2 次元だと，円周は曲面であるため，適応的な変異の割合は 1/2 よりも少し低くなる(図 3.9)．3 次元(すなわち球形)になるとさらに適応的な変異の割合は減少する．すなわち，多くの形質が関与する複雑な表現型ほど適応的な突然変異が生じにくいと予測される．これを**複雑性のコスト**(**cost of complexity**)という．

次に，変異の効果の強さ，すなわちベクトルの長さ(スカラー)が適応進化に与える影響について考察してみよう．スカラーを r とする．2 次元(独立した適応形質が 2 つ)の場合を考えてみよう(図 3.10)．$r \ll d$ だと(変異の効果がとても小さいと)，図 3.10 の拡大図の通り，曲線が直線に近づくために 1/2 弱が適応的になる．r が大きくなるにつれて(効果が大きくなるにつれて)，曲線の曲がりが無視できなくなり，適応的な方向に入る割合が減っていくであろう．図 3.10 の通り，$r > d$ まで大きくなると，ベクトルの向きにかかわらず現在の

1次元で適応的になる確率

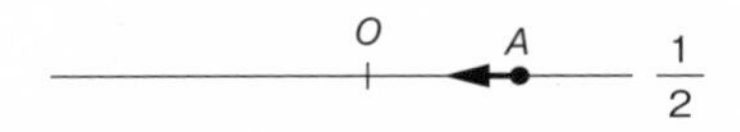

2次元で適応的になる確率

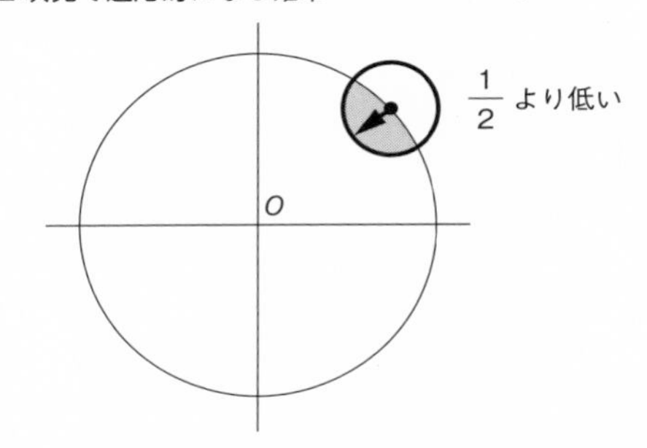

図 3.9　複雑性のコスト． 次元が増えるほど，原点に近づく率は減少する．ここでは，1次元と2次元を比較している．

状態よりも原点からの距離が遠くなるのでどのような変異も非適応的になる．フィッシャーは，n 次元において，突然変異が適応的な方向に入る確率を以下のように求めた．

$$p = \frac{1}{\sqrt{2\pi}} \int_x^{\infty} e^{-\lambda^2/2} d\lambda$$

ここに $x = r\sqrt{n}/d$ である．

多くの読者にとって，本方程式の導出法を知る必要はないが，興味のある読者は別の論文を参照してほしい(Hartl and Taubes 1998)．この関数の曲線は図3.11のようになり，この方程式によると，適応的な変異は効果の弱いものが多いと推定される．そこで，フィッシャーは，効果の弱い突然変異ほど適応進化に重要な役割を果たすと考えた．

その後，木村資生は，アリルの固定確率を考慮に入れて計算を行った(Kimura 1983)．いくら適応的であっても，効果の弱い変異は，遺伝的浮動で消失しやすいため集団に固定しにくい．逆に，効果の強い適応的な変異は，第2章で示した通り，急速に集団内に広がるため遺伝的浮動で消失しにくく集団に固定しやすい．選択と遺伝的浮動がアリルの固定確率に与える効果を考慮に

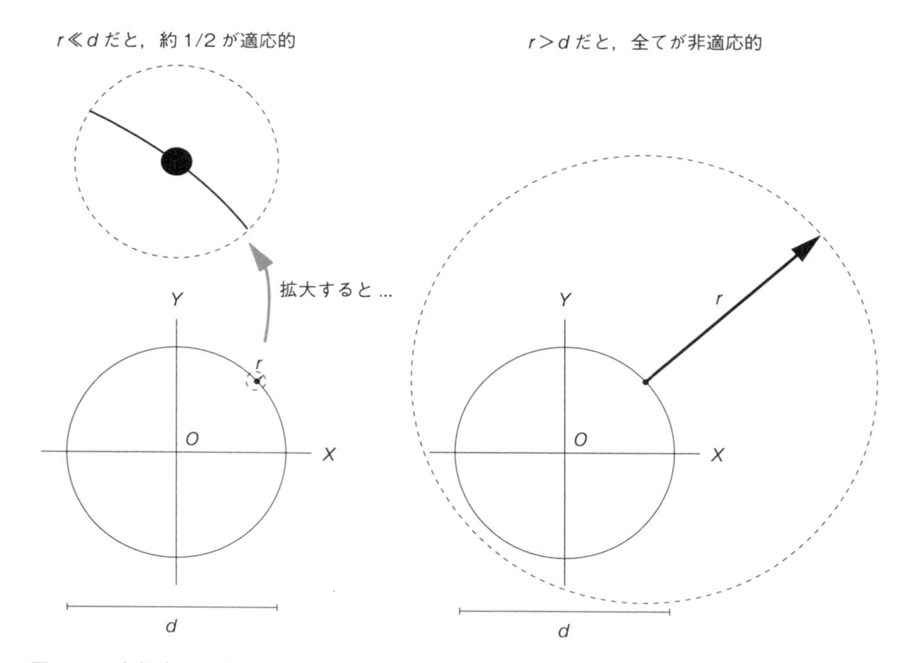

図 3.10　突然変異の効果の強さと適応的になる確率の関係を示す模式図．　突然変異の効果が非常に弱いと約 1/2 の確率で適応的になるが(左)，突然変異の効果が非常に大きいと全てが非適応的になる(右)．

入れて計算し直した結果，木村は，中程度の効果の変異こそが適応進化に重要であると考えた．

さらにその後，アレン・オールは，適応進化の過程(adaptive walk)全体を考慮することとした(Orr 1998)．つまり，ある適応的な変異が固定して適応頂点(O)に近づけば近づくほど，d の値は減少していく(図 3.12)．すなわち，適応頂点に近づくにつれて，最初の直径を基準にすると効果の弱い変異が固定しやすくなるはずである．オールは，適応進化の過程の全体を見ると，(1)**効果の強い突然変異が少数で効果の弱い突然変異が多数**になること，(2)**適応進化の初期に効果の大きな遺伝子が蓄積しやすい**ことを予測した．この理論予測の(1)は QTL マッピングの結果とよく合致する．しかし，QTL マッピングはあくまで遺伝子座の効果を見たものであり，フィッシャーの幾何学モデルによる予測は突然変異の効果を見たものであることに注意する必要がある．すなわ

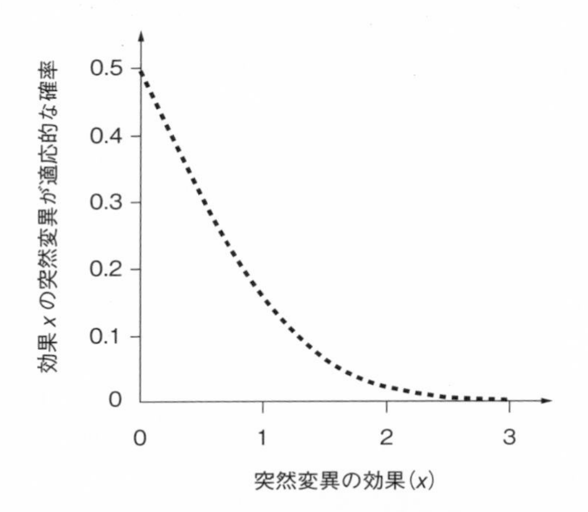

図 3.11　突然変異の効果の強さと適応的になる確率の関係を示すグラフ．　フィッシャーが導出した式に基づいて描いたグラフを見ると，突然変異の効果が弱いほど適応的になる確率が高く，効果が大きいほど適応的になる確率が下がることがわかる．ここに $x=r\sqrt{n}/d$(n は次元)である．

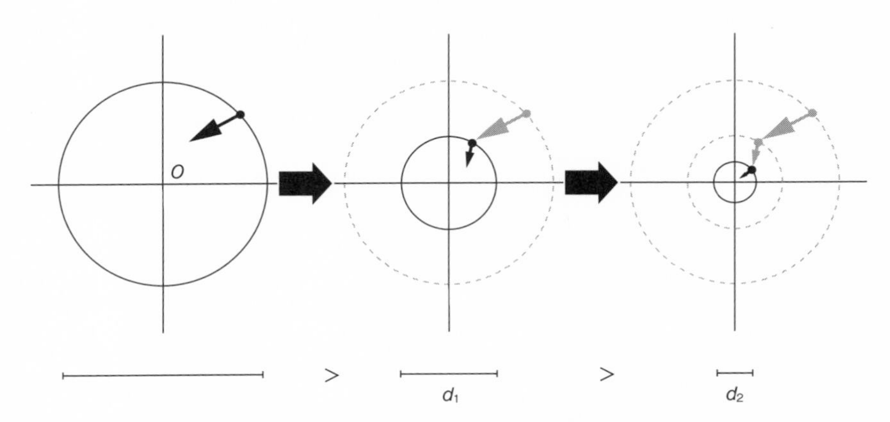

図 3.12　幾何学モデルの空間における適応進化の進行過程．　左から右へと適応進化が進んで原点(O)に近づくにつれて(d が小さくなるにつれて)，より小さな効果の突然変異のみが適応的になっていく．

ち，効果の大きな遺伝子座が見つかっても，効果の強い少数の突然変異が原因である場合もあれば，効果の弱い突然変異がその遺伝子座に集積している場合もあるため**QTLの効果をそのまま突然変異の効果と結びつけるのには注意が必要**である．突然変異の効果の問題については，第5章で再び考察する．本書の目指すところは野生生物の進化の理解ではあるが，ファージや大腸菌などを用いた実験進化も，野生生物の進化研究を補完するものとして重要な位置づけにある(Blount *et al.* 2018)．例えば，オールの仮説を試験管内での実験進化によって検証する実験もなされつつある(Tenaillon 2014)．

進化は小さな変異の積み重ねでゆっくり起こるのか，大きな変異で断続的に起こるのかをめぐって古来より論争が続いてきた．ダーウィンは進化はゆっくり起こると考えたし(gradualism：漸進主義)，フィッシャーも進化は弱い効果の突然変異で生じると考えた(micromutationism：微小突然変異主義)．一方，ユーゴー・ド・フリース，ウィリアム・ベイトソン，トーマス・ハント・モルガン，リチャード・ゴールドシュミットらは，大きな突然変異が進化に重要であると考えた(mutation theory：突然変異説)．野生生物の進化の遺伝研究，適応進化の理論研究，さらには試験管内での実験進化研究などが繰り返されることによって，この長年の論争に一定の解答を与えることが可能になる日が来るであろう．

BOX 3.1：選択勾配

回帰直線の傾きは，X 軸と Y 軸の共分散を X 軸の分散で割ることで求めることができるのであった．そこで，ここでは，表現型値と適応度の共分散を表現型値の分散で割ることになる．

まずは，分子(表現型値と適応度の共分散)について考える．ここで，以下の共分散の公式を用いる．

$$\mathrm{Cov}(x, y) = E(xy) - E(x)E(y)$$

すなわち，x と y の共分散は x と y の積の期待値 $E(xy)$ から，x の期待値 $E(x)$ と y の期待値 $E(y)$ の積を引いたものになるという公式である．これを用いると，表現型値と適応度の共分散は，

$$\mathrm{Cov}(\text{表現型値}, \text{適応度}) = E(\text{表現型値} \times \text{適応度}) - E(\text{表現型値}) \times E(\text{適応度})$$

となる．ここで，適応度の期待値 E(適応度)(すなわち集団内の適応度の平均値のこと)が 1 になるように適応度を設定する．すなわち適応度が 1 より大きい個体は相対的に適応度が高く，適応度が 1 より小さい個体は相対的に適応度が低いことになる．表現型値に適応度をかけた値の期待値は，選択後の集団の表現型値の平均であると考えることができる．したがって，

$$\mathrm{Cov}(\text{表現型値}, \text{適応度}) = \text{選択後の集団の表現型値の平均} - \text{選択前の表現型値の平均}$$

となり，これは，第 2 章で学んだ表現型値の平均値のシフトを表す選択差 S である．

次に，分母は表現型値の分散で，これは第 2 章で学んだ V_P である．し

たがって，

$$\beta = \frac{S}{V_{\mathrm{P}}}$$

となり，本章で学んだ β は，第2章で学んだ β と同じであることがわかる．

BOX 3.2：野生生物における選択勾配 β

複数の分類群で得られた選択勾配 β のデータを集めてメタ解析(複数の研究グループによる調査報告や論文をまとめて解析すること)が試みられている．メタ解析結果を要約すると以下のようになる(Hoekstra *et al.* 2001; Kingsolver *et al.* 2001; Hereford *et al.* 2004)．方向性選択の強さは様々である．形態形質にかかる選択圧は，生活史形質にかかる選択よりも強い傾向がある．性選択(交配成功率に作用する選択)は自然選択(生存率に作用する選択)よりも強い傾向がある．安定化選択は分断化選択よりも必ずしも多いわけではない．選択の強さや方向は，常に変動していて一定ではない．このように野外で選択圧を計測する研究は多くなされており，さらに多くの事例を集めることによって野生生物に働く選択に関するより一般的な法則が見つかるかもしれない．

BOX 3.3：QTL マッピングや GWAS に用いる個体数やマーカー数は？

QTL マッピングに何個体・何マーカーが必要だろうか？　一般論として，500 個体以上が必要とされている．しかし，野生生物では 500 個体以上の家系を作出し飼育することが難しいことが多い．少ない個体を用いることの問題点を認識した上で，100 個体以上を目指すのが，現実的な判断ではなかろうか．少ない個体を用いることの問題点の 1 つ目は，弱い効果の QTL を見つけられないことであろう．また，見つかった QTL の効果を多く見積もってしまうことも知られており，これはビーベス効果(Beavis effect)といわれる(Beavis 1998)．マーカー数はどうであろうか．15 cM/マーカーより高密度にしても，さほど解像度が上がらないという報告もある(Kearsey and Farquhar 1998)．例えば，トゲウオ科のイトヨは全染色体の連鎖地図の距離は約 1500〜2000 cM なので(物理距離は約 450 Mbp)，15 cM/マーカーを目指すとすると，100〜133 個，より高解像度で 1 cM/マーカーを目指すとすると，1500〜2000 個ということになる．

GWAS には，何個体・何マーカー必要であろうか？　こちらも個体数が少ないと弱い効果の遺伝子座を見つけることはできない．先行研究を見る限り数百の個体数を用いることが一般的なようである(Charmantier *et al.* 2014)．GWAS の場合には，数万〜数十万のマーカー数はほしい．ただし，適応遺伝子の周辺では連鎖不平衡(LD)が高いことも多いので(連鎖不平衡については 4.3 参照)，LD が高い場合には，原因遺伝子座から離れたゲノム領域も表現型と相関している可能性が高いことから，より少ないマーカー数でも相関する遺伝子座を捉えられるかもしれない．

カラム：サン・マルコ聖堂のスパンドレル

現存している表現型は，必ずしも適応的とは限らないし，適応進化の結果として生じたものでもないかもしれない．スティーブン・ジェイ・グールドとリチャード・ルウィントンは，イタリアのベネチアにあるサン・マルコ大聖堂のスパンドレルを例に挙げてこれを説明した（Gould *et al.* 1979）．サン・マルコ大聖堂の天井には，その構造的強度を保つためにスパンドレルという構造が存在する．このスパンドレルには，偉大な芸術家が絵画を描いている．一見するとスパンドレルは絵画を描くためにつくられたキャンバスのように見えるが，実際は建築学的理由で建設され，そこに後から芸術家が絵画を描いたのである．同様に，現存する生物に見られる表現型は全て適応度を最適化するように進化してきたと考える淘汰万能主義は楽天的すぎると批判した．こういった淘汰万能の考えは，ヴォルテールの小説『カンディード：あるいは楽天主義説』に出てくる哲学者パングロスの「自分は，実現可能な世界のうち最善な世界に生活している」という主張と同じくらいに楽天すぎるというのである．このような淘汰万能主義のことを**パングロス的パラダイム（Panglossian paradigm）**ということもある．ある表現型が本当に適応的であるかどうかを知るためには，本章の前半で説明したような複数の手法で実験的に検証することが必要である．

第4章

適応進化の遺伝基盤：ゲノムから迫る

4.1　ゲノム配列から選択の痕跡を探る

本章では，表現型には着目せずにゲノム配列情報のみから適応進化に関与した遺伝子座を同定するボトムアップ的アプローチのいくつかを学ぶ．全ての手法を網羅することはせず，解析に必要な基本的な考え方を学ぶ．**適応に関与する遺伝子座では，中立遺伝子座に比してどのようなゲノム配列の特徴が見られるのであろうか？**　あらかじめ期待されるゲノム配列の特徴がわかっていれば，そのような特徴を示す遺伝子座を探索することによって，適応進化の原因となった候補遺伝子座をリストアップすることができるだろう．しかし，そのような特徴を観察したからといって，その**ゲノム観察データのみで適応進化の証拠とするのは危険**である．同定した候補遺伝子や変異が実際にどのような機能を持つのかを検証する実験を行ったりするなど，複合的に証拠を積み重ねる必要がある．

ゲノム配列情報から適応進化の遺伝基盤に迫るアプローチには，1つの集団で解析するアプローチと2つ以上の集団を比較するアプローチがあるが，本章では1つの集団で解析する手法を説明する．2集団で比較するアプローチについては種分化を扱う第7章で説明する．また，集団内に有利な突然変異が新たに生じた場合(*de novo* mutation)，既に集団内に存在していた変異(standing genetic variation)が環境の変化などによって急に有利になった場合，交雑によって他の集団から遺伝子浸透(introgression)によって適応的な変異が流入し

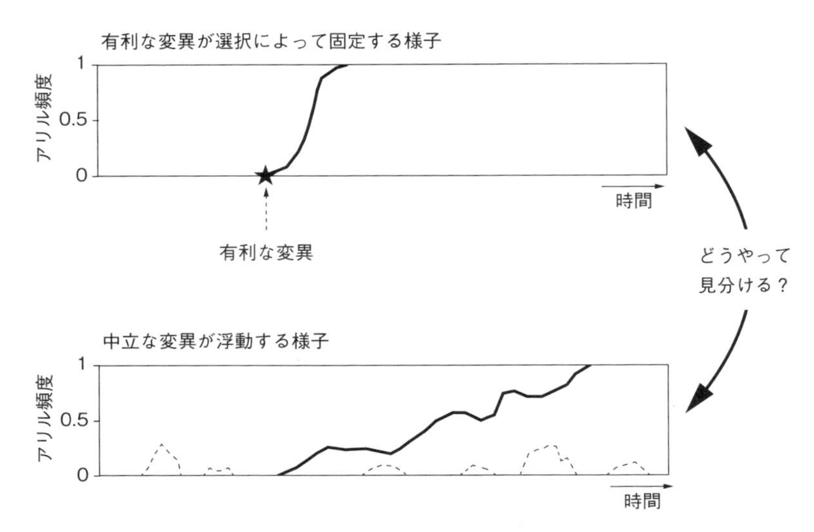

図 4.1　有利あるいは中立なアリルが固定する様子． 有利な変異が選択によって固定する場合(上)と中立な変異が浮動しつつ固定する場合(下)にゲノム上に観察される特徴の違いを本章で学ぶ．

てくる場合では，ゲノム配列に残る痕跡もそれぞれ異なる．本章では，最も基本的な知識として，集団内に有利な突然変異が新たに生じた場合にゲノム配列に残る痕跡を理解することを目指す(図 4.1)．そのような場合にゲノム配列に残る痕跡として，遺伝的多様度の低下(選択的一掃)，連鎖不平衡の上昇，アリル頻度スペクトルの歪みについて順に解説する．

4.2　選 択 的 一 掃

ある 1 つの集団に，有利な突然変異(個体の適応度を高める突然変異)が新しく生じたケースを想定する．図 4.2 の例では，単純化のために染色体 6 本の集団を想定した．有利な変異(variant)を★で示し，中立的な変異(適応度に影響しない変異)を●で示す．印のないサイトは多型がない．有利な変異を持つ個体は適応度が高いため，★のアリルの頻度は集団内で増えるであろう．有利な変異の近くの中立的な変異も，連鎖しているが故に，たとえ中立であっても，

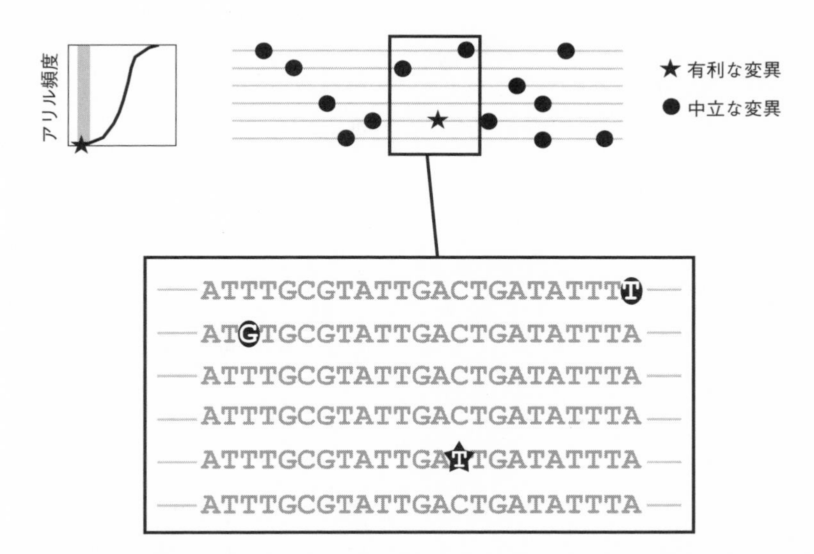

図 4.2　有利な変異が出現した段階． 6本の染色体から構成される仮想集団において，有利な変異(★)が出現した様子．●は中立な変異を示す．それ以外のサイトは多型がない．

連動して増加するであろう(図 4.3)．この現象を**ヒッチハイキング**(**hitchhiking**)という(Maynard Smith and Haigh 1974)．一方で，有利な変異から離れれば離れるほど，中立的な変異は，**組換え**(**recombination**)によって有利な変異とは分離されて，ヒッチハイキングされにくくなる．

ヒッチハイキングが起こると，選択を受けた変異サイトとその近傍の遺伝的多様度が減ると予測される．図 4.4 の例で考えてみよう．ここで，遺伝的多様度の指標として**塩基多様度**(**nucleotide diversity**)π を計算する．π とは，ある特定のゲノム領域について，サンプル中の総当たりのペアについて多型サイトの数をカウントし，ペアの総数で割って平均値をとったものである．言い換えると，ランダムに選んだ2サンプル間にいくつの多型サイトがあるのかの期待値といえる．中立サイトに比べて選択のかかったサイトの周囲では，局所的に π が減少する．図 4.4 の例では，選択が作用する前の染色体1と2のペアでは，多型サイトが5か所ある．同様に染色体1と3，1と4・・・と15組全てのペアについて多型サイト数をそれぞれカウントすると，合計68か所の多型サイトが認められ，これをペアの総数15で割ると π は4.53と計算できる．選択が

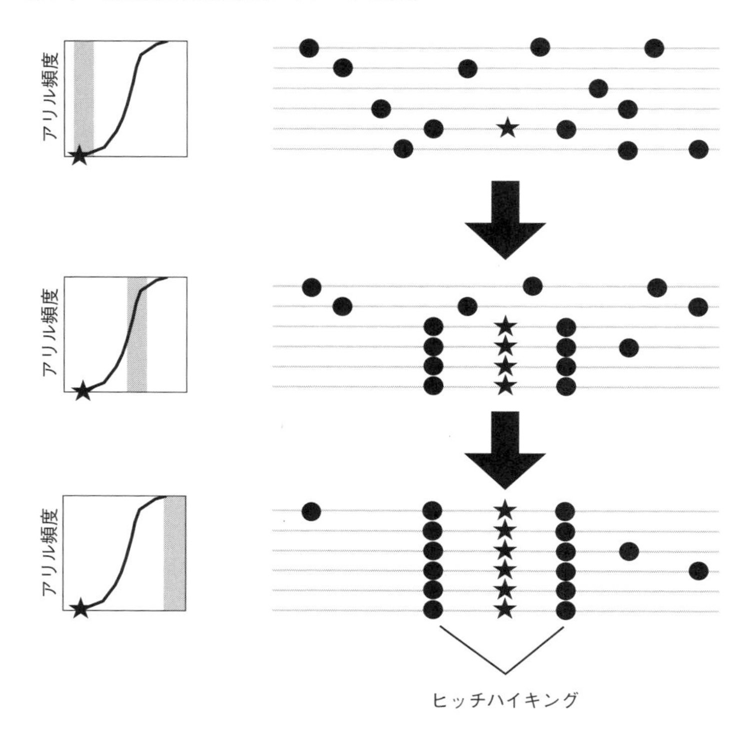

図 4.3　選択的一掃とヒッチハイキング． 上から下へと，有利な変異(★)が頻度を増やすにつれて，その近傍に座乗していた中立な変異も連動して頻度が増える様子を示す(ヒッチハイキング)．選択が作用した後，有利な変異の近傍の多様度は減少する．この多様度の減少を選択的一掃と呼ぶ．

かかった後の染色体1と2のペアでは多型サイトは1か所となり，選択的一掃前で行ったのと同様に全てのペアについてカウントすると多型サイト数は合計15となり，これをペアの総数の15で割ることでπは1となる．このように選択によって遺伝的多様度が減る現象を**選択的一掃**(**selective sweep**)という．

図4.5は，ある染色体について，ある一定の幅を持ったウィンドウを設定し，染色体の端からウィンドウを少しずつずらしながら，それぞれのウィンドウ中のπを計算したものである(このようにウィンドウを少しずつずらして解析することを，一般的にスライディングウィンドウ解析という)．有利な変異を含むウィンドウ，および，その近傍のウィンドウでは選択的一掃によってπが

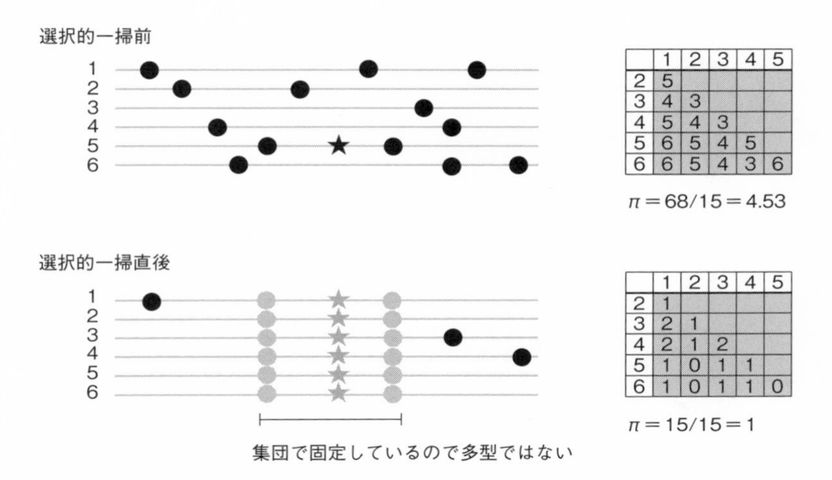

	1	2	3	4	5
2	5				
3	4	3			
4	5	4	3		
5	6	5	4	5	
6	6	5	4	3	6

	1	2	3	4	5
2	1				
3	2	1			
4	2	1	2		
5	1	0	1	1	
6	1	0	1	1	0

図 4.4 塩基多様度(π). 選択が作用する前と後について塩基多様度を計算した例を示す.染色体の1ペアあたりに存在する多型サイトの平均値を計算する.

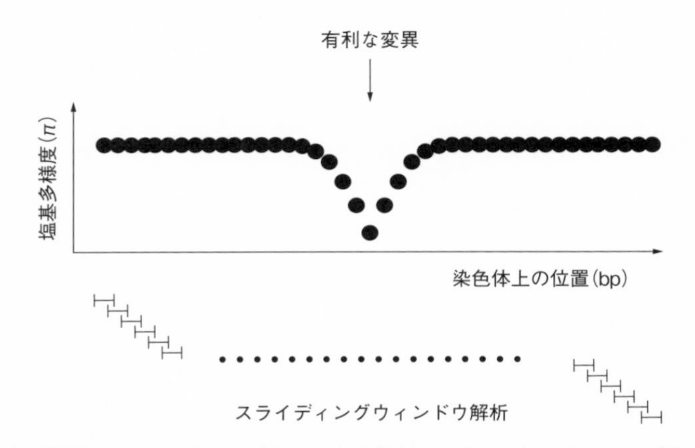

図 4.5 塩基多様度のスライディングウィンドウ解析. ゲノムをいくつかのずらしたウィンドウに区切って塩基多様度(π)を計算した際に予測されるパターンを示す.有利な変異の近傍では,塩基多様度の減少が予測される.

減少する.このような典型的な選択的一掃が観察できるのは有利な変異が生じてから限られた期間のみである.選択の初期ではその効果は弱く,また一方で,時間がたつと図 4.6 のように中立変異があらたに蓄積して多様性が回復するので,選択的一掃が観察できるのは選択的一掃の完了直前から直後に限られ

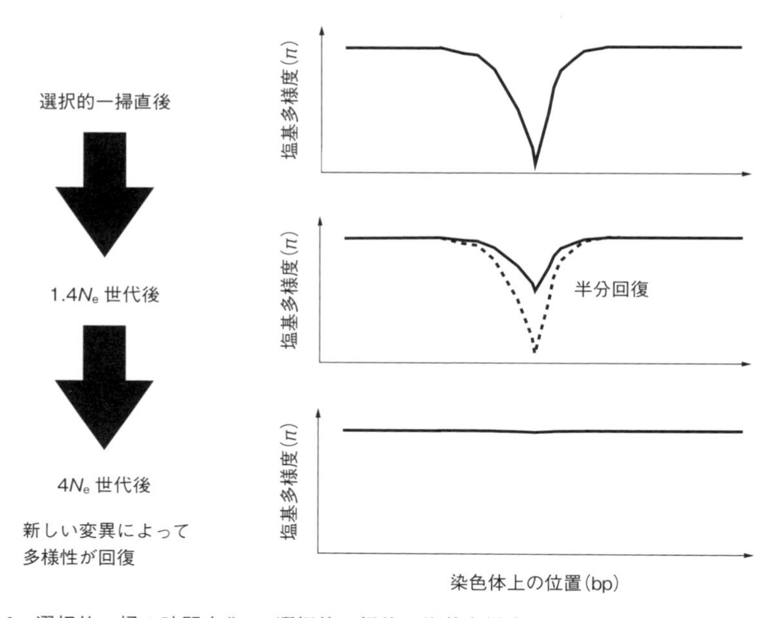

図 4.6　選択的一掃の時間変化． 選択的一掃後の塩基多様度の変化を示す．上から下へと時間が経過するにつれて選択の痕跡が消失していく．本文の 4.8 も参照してほしい．

る(Walsh and Lynch 2018)(4.8 参照)．また，塩基多様度はゲノム上の突然変異率の違いなどの別の要因にも影響されるため，教科書的にきれいな選択的一掃が観察できる事例は少なく，π の減少のみで選択の標的を見出すのはかなり困難なのが現実である．また，塩基多様度の低下の度合いや幅から，選択の強さや生じた時期を推定する手法も提案されているものの，実際の野生集団のデータについて，塩基多様度のみの情報でこれらの値を推測するのはなかなか困難な場合が多い．

4.3　連鎖不平衡

選択を受けた領域に見られる2つ目の特徴は**連鎖不平衡**(**LD: linkage disequilibrium**)の上昇である．まず，連鎖不平衡とは何かについて説明しておこう．ある遺伝子座において，A と a のアリルが $p_1:q_1$ の比率で存在しており，別の遺伝子座には B と b のアリルが $p_2:q_2$ の比率で存在していると仮定しよう(図 4.7)．これら 2 つの遺伝子座が独立であれば，染色体上で AB，Ab，ab，aB の組み合わせになる確率は，それぞれ $p_1p_2:p_1q_2:q_1q_2:q_1p_2$ になると期待される．しかし，特定の組み合わせ，例えば AB と ab が上の期待比より多く，Ab や aB が上の期待比より低いような場合に，連鎖不平衡があるという(図 4.7 では，D が正の値を示す状態)．

さて，選択的一掃が生じる過程をもう一度見てみよう(図 4.3)．選択的一掃が生じる過程では，特定のアリルの組み合わせを持ったハプロタイプ(同じ染色体に座乗するアリルのセット)(haplotype)がヒッチハイキングによって急速に増加する．そのため，選択的一掃が進行している途中では，連鎖不平衡の上昇が見られると期待される．選択的一掃が完成すると，有利な変異を持ったハプロタイプのみが固定して多型が減少するので，連鎖不平衡はむしろ観察しにくくなるとされる(Stephan *et al.* 2006)．

連鎖不平衡の上昇をどのように定量化すればよいであろうか．ここでは，選

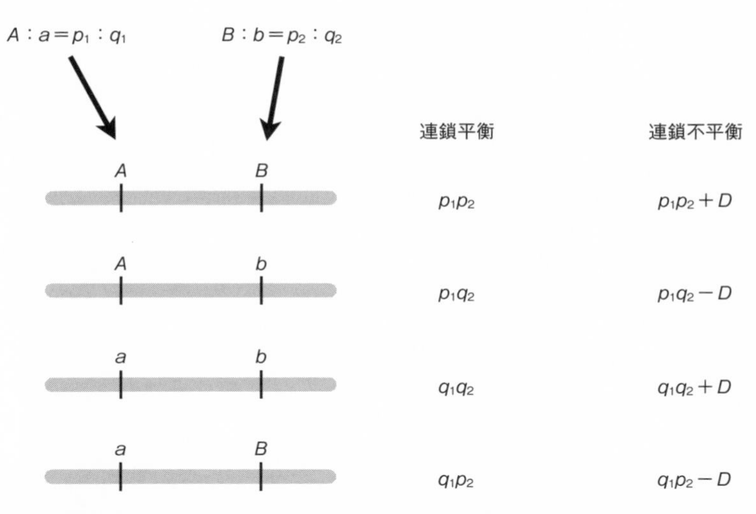

図 4.7　連鎖不平衡．　2 つの遺伝子座(A/a と B/b)が連鎖していると，特定のハプロタイプ(同じ染色体に座乗するアリルのセット)の出現する確率が，連鎖していない場合に予測される確率からズレる．このズレを連鎖不平衡という．

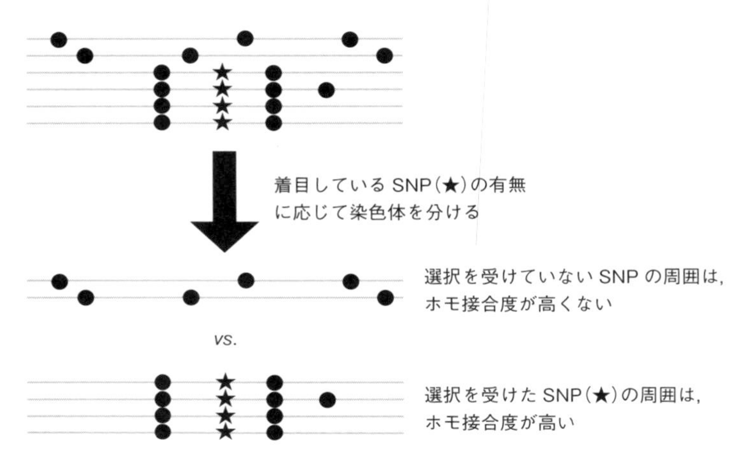

図4.8　選択を受けたサイト周囲でのホモ接合度の上昇．　選択を受けたSNP(★)の周囲はホモ接合度が高くなるが，選択を受けていないSNPの周囲は，ホモ接合度が高くならない．

択を受けた変異の周囲に観察される**EHH(extended haplotype homozygosity：延長されたハプロタイプのホモ接合度)**を説明する(Sabeti *et al.* 2007)．まず，ある1つの多型サイト，例えばSNPサイトに着目して，ある塩基を持つハプロタイプとその塩基を持たないハプロタイプに分ける(図4.8)．次いで，そのサイトから片側(図4.9では右側)へ順番に伸ばしていった時のハプロタイプのホモ接合度(F)を計算する．ホモ接合度とは，サンプルの中から2つの染色体をランダムに選んだ時に，その2つが同じハプロタイプになる確率である．サンプル数が十分に多い場合は，ハプロタイプiの頻度をp_iで表すと，ホモ接合度を

$$F = \sum p_i^2$$

で近似することができる．図4.9の例ではサンプル数が少ないが，計算が簡便なため，ここではこの近似値を用いることにする．サンプル数が少ない場合には，補正したホモ接合度を用いる必要がある(Nei and Roychoudhury 1974)．選択を受けたサイトの近傍では同じハプロタイプが観察されるためホモ接合度が高くなる．ハプロタイプを右へと延長していくと，伸ばすにつれて組換えによって異なる多型サイトが出現し始めて，ハプロタイプのホモ接合度は低下し

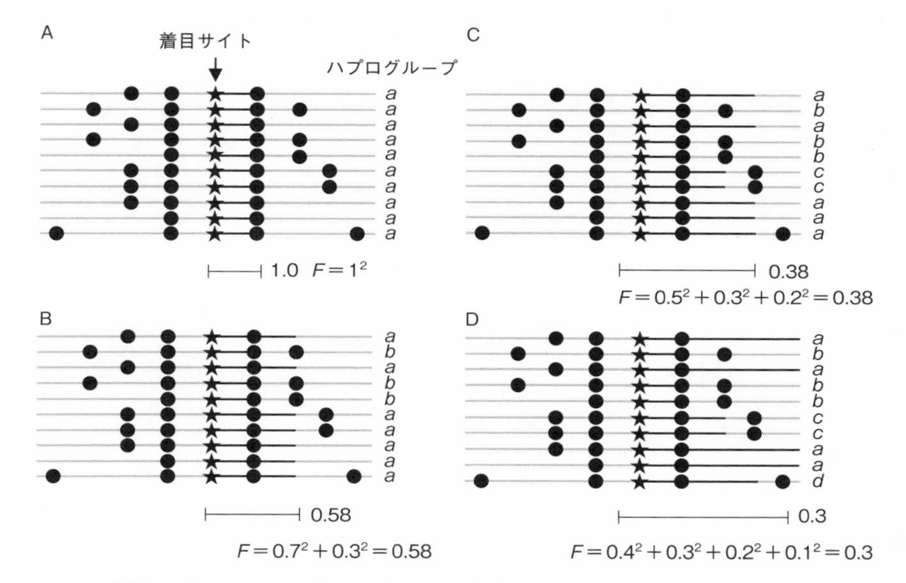

図 4.9 選択を受けたサイトを含むハプロタイプの延長． 注目したサイトから右側へ伸ばしながらハプロタイプのホモ接合度(F)を計算する．

ていく．同様の計算を，もう一方の側(図 4.9 では左側)についても実施する．ホモ接合度(F)をプロットしたのが図 4.10 である．選択を受けた変異を持つハプロタイプでは，変異サイトより左右両サイドに長くハプロタイプのホモ接合度が高くなると予測できる(図 4.10A)．一方，選択を受けていないアリルを持つハプロタイプでは，急激にハプロタイプのホモ接合度が低下するであろう(図 4.10B)．この違いを見れば選択を受けた変異を同定できるという原理である(図 4.10C の実線と点線を比較するということ)．

具体的には，ホモ接合度がゼロになるところまで左右に伸ばしたグラフの面積を計算し，選択を受けた変異を持つハプロタイプの面積ともう一方のハプロタイプの面積の比をとると，この値が高くなると期待できる．新規に生じた由来型の変異について計算した面積と祖先型の変異について計算した面積の比を計算し，その自然対数をとってある種の標準化を行ったものを ***iHS*(integrated haplotype score)** という(Sabeti *et al*. 2007)．*iHS* が高いほど，その新規変異に選択が働いたと予測できる．このような解析をゲノム中の全てのサイトに

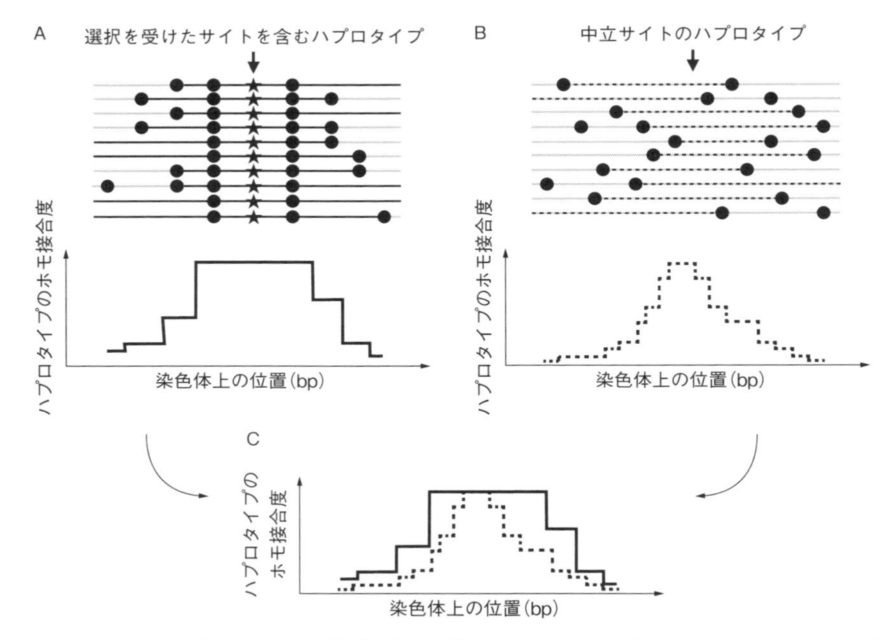

図4.10　延長されたハプロタイプの検定．　選択を受けたSNPを持つハプロタイプのホモ接合度がゼロになるまでのグラフの面積は，もう一方の中立なSNPを持つハプロタイプのホモ接合度がゼロになるまでのグラフの面積よりも大きい．この図では，選択を受けたハプロタイプのホモ接合度はまだゼロになっていない．

ついて実施することで，選択の働いたサイトを網羅的に探索することができるのである．なお，ある多型について，どちらが新規に生じた由来型の変異でどちらが祖先型かを知るためには，対象としている生物の外群(ヒトであればチンパンジーなど)がどちらの変異を持つかを調べることで推定できる．

4.4　遺伝子系図とアリル頻度スペクトラム

アリル頻度スペクトラムを学ぶ準備段階として，**遺伝子系図(gene genealogy)**を学ぶ．遺伝子系図とはハプロタイプの系統樹のようなものである．図4.11の左の配列の例を用いると，これらハプロタイプの関係性は図4.11の右

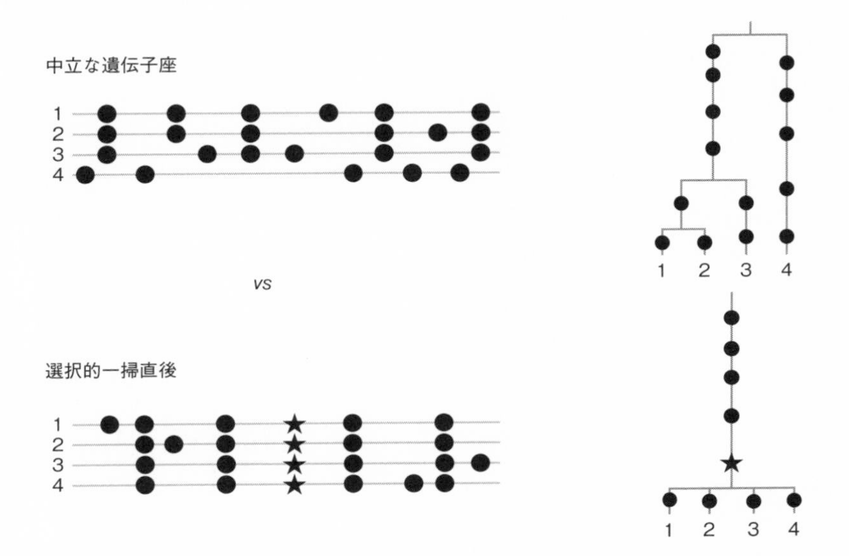

図 4.11　遺伝子系図． 左に示した中立な遺伝子座(左上)と選択的一掃を受けた遺伝子座(左下)の遺伝子系図をそれぞれ右に示す．外群(例えば，ヒトではチンパンジーなど)に比して，異なる多型サイトを示す．中立な SNP は●で，有利な SNP は★で示す．

の樹形で表せる．下が現在，すなわち手元のサンプルのハプロタイプで，上に行くほど過去に遡る．ここでは単純化のために，繰り返し起こる突然変異や組換えは無視している．

中立的な遺伝子座(neutral loci)の場合，あるいは，選択的一掃を受けた遺伝子座の場合に遺伝子系図はどのようになるであろうか．遺伝子系図をよりよく理解するために，平衡選択(balancing selection)を受けた遺伝子座についても考える．平衡選択とは，複数のハプロタイプが維持されるように働く選択のことをいう．ヘテロ個体がホモ個体よりも有利な場合，負の頻度依存性選択(アリル頻度が低い時に有利になる)がある場合，選択圧が空間的・時間的に変動する(有利なアリルが変動する)場合などに，平衡選択が生じる．

これら 3 条件(中立，選択的一掃，平衡選択)で予測される遺伝子系図を図 4.12A に示す．選択的一掃が完了した直後では，現存するハプロタイプに存在する SNP の多くは，それぞれのハプロタイプが最近独自に獲得したユニークな SNP になると予測できる(図 4.11 も参照)．一方，平衡選択が作用する場合

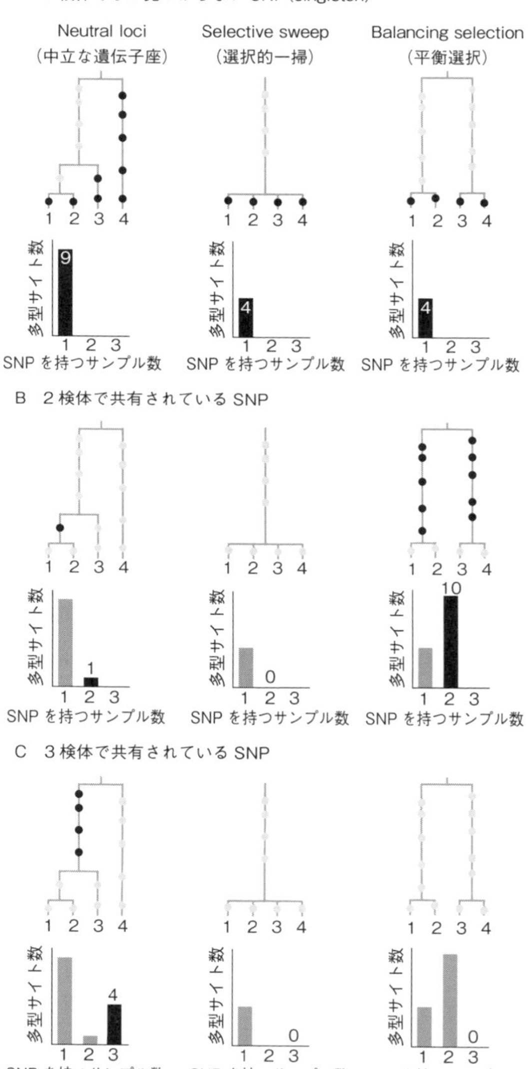

図4.12　アリル頻度スペクトラム．X軸にSNPを持つサンプルの数，Y軸に多型サイト数あるいは多型サイト頻度をプロットする．ここでは4検体あるので，1検体でしか見つからないSNP(singleton)(A)，2検体で共有されているSNP(B)，3検体で共有されているSNP(C)を順番にカウントした．●のSNPをカウントする．

には，半分くらいのサンプルが共有しているSNPが多くなると予測できる．これを，**アリル頻度スペクトラム(allele frequency spectrum)**というグラフで図示してみよう(図4.12)．アリル頻度スペクトラムは，SNPを共有するサンプル数のヒストグラムであり，X軸にSNPを持つサンプルの数，Y軸に多型サイト数あるいは多型サイト頻度をプロットしたものである．ここで，図4.12の●は新規に生じたSNPである．4.3で説明した通り，あるSNPサイトについて，どちらの塩基が新規に生じた変異(由来型：derived)でどちらの塩基が祖先型(ancestral)かを知るためには，対象としている生物の外群(ヒトであればチンパンジーなど)がどちらの塩基を持つかを調べることで推定できる．祖先型か由来型かを分けて描いたアリル頻度スペクトラムを**unfolded**といい，区別せずにマイナーアリル(頻度が低い方の塩基)を用いて描いたアリル頻度スペクトラムを**folded**という．

図4.12の例では，1サンプルでしか見つからないSNP(singletonという)の数は，中立，選択的一掃，平衡選択のそれぞれの例で9，4，4になる．同様に，2検体で共有されているSNP，3検体で共有されているSNPの数をカウントしてヒストグラムを描くのである．このアリル頻度スペクトラムを見ると，**選択的一掃が作用した場合にはsingletonなどの稀な多型の割合が増える一方，平衡選択が作用する場合には中程度の多型の割合が増えそうに見える**．つまり，選択が作用すると，中立で期待されるアリル頻度スペクトラムからの歪みが生じると予測される．

4.5　遺伝的多様性の尺度 π と S

アリル頻度スペクトラムの歪みをどのように検出すればよいであろうか．ここではサンプルの多型の指標である π と S を比較する方法を概説する．π とは手持ちのサンプルの総当たりのペアについて計算した多型サイトの数の平均である(4.2参照)．ここでは，遺伝子系図を用いて π を計算してみよう．サンプル1とサンプル2の間に存在する変異の数をカウントするためには，サンプル1から上(祖先)に遡って，サンプル2との共通祖先まで遡った後に，サンプル2まで戻ってくる間に，枝の上に存在していた変異の数(●の数)をカウントすればよい．図4.11の中立遺伝子座の場合，サンプル1とサンプル2の間の●の数は2である．同様に，サンプル1からサンプル3との共通祖先まで遡って，サンプル3に戻ってくる間の変異の数(●の数)は4である．これを全サンプルの各ペアについて計算し合計をとり，ペアの総数で割ればπが求まる．この例では，総数は$2+4+11+4+11+11=43$であり，ペア数の6で割ると，$\pi \fallingdotseq 7.17$となる．

もう1つの遺伝的多様度の指標として，**分離サイト数S(segregation site)**を導入する．分離サイト数は，サンプル中の多型サイトの総数で，頭文字をとってSで表すが，選択係数のsや選択差のSとは関係がない．図4.11の例でいうと，中立な遺伝子座では多型を示すサイトの数が14個あるので$S=14$，選択のかかった遺伝子座では多型を示すサイトの数が4個なので$S=4$である．これを遺伝子系図を使って計算してみよう．Sは，サンプルの遺伝子系図全体に含まれる変異の総数(図4.11の右図における●の数)としてカウントできる．選択的一掃の例では，サンプルの共通祖先より以前に生じた変異は，サンプル間の多型として現れないのでカウントしていないことに注意したい．πとSを比較すると，なんとなく，選択的一掃の場合にはSに比べてπが小さく，平衡選択の場合にはSに比べてπが大きい印象がある．この印象を検定する方法，すなわち，πとSを比較する方法を4.6と4.7で学ぶ．

4.6　コアレセント理論

中立な遺伝子座におけるπとSの関係を理解するために，まず**コアレセント理論(合祖理論：coalescent theory)**を学ぶ．英語のcoalesceとは「合体して1つの集合体をつくる」という意味であるが，その名前の由来については，以下の解説でわかってもらえるだろう．この理論はジョン・キングマン，リチャード・ハドソン，田嶋文生らが独立して開発したとされる(Kingman 1982; Hudson 1983; Tajima 1983)．なぜ，コアレセント理論を学ぶのかは後でわかるので，何のためかはひとまず置いておいて，ここでは以下に示す計算を順番にフォローすることに努めていただきたい．

コアレセント理論を学ぶために，まずは，第1章で学んだライト・フィッシャーモデルを思い出そう．ライト・フィッシャーモデルでは，(1)集団サイズ N が常に一定であること，(2)世代が重ならないこと，(3)次世代のアリルは前の世代のアリルを(重複を許して)ランダムに選んで決めることを仮定するのであった．第1章の図1.13と図1.14で用いた6本の染色体の例を再び使うことにする(図4.13)．**コアレセント理論では，現在のサンプルから過去に遡って考察する**．図4.13の例では，現在の6アリルのうち，例えばサンプル2〜6の5つのサンプルは，3世代前($t-3$ 世代)に共通祖先にたどり着く．この現象を「3世代前に，サンプル2〜6が同祖になる＝コアレセントする」という．そして，この共通祖先のことをサンプル2〜6の**最も近い共通祖先**(**MRCA: most recent common ancestor**)と呼ぶ．

さて，コアレセント理論を利用して中立な遺伝子座における π の期待値を計算してみよう．集団全体のアリル数は $2N$(二倍体生物で個体数 N の集団)，手元のサンプル数(自分が解析しているハプロタイプの数)は n とする．ランダムに選んだ2つのサンプルが1世代前に同祖になる確率は $1/2N$ である(図4.14)．そのことから，ランダムに選んだ2つのサンプルが同祖になるまで遡

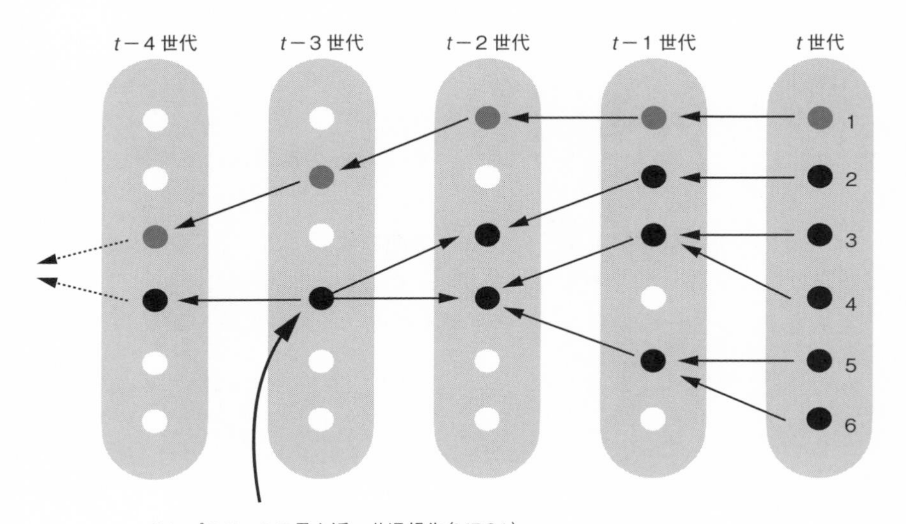

図4.13 最も近い共通祖先(MRCA)． コアレセント理論では，現在のサンプル(t 世代)から共通祖先にたどり着くところまで過去に遡る．

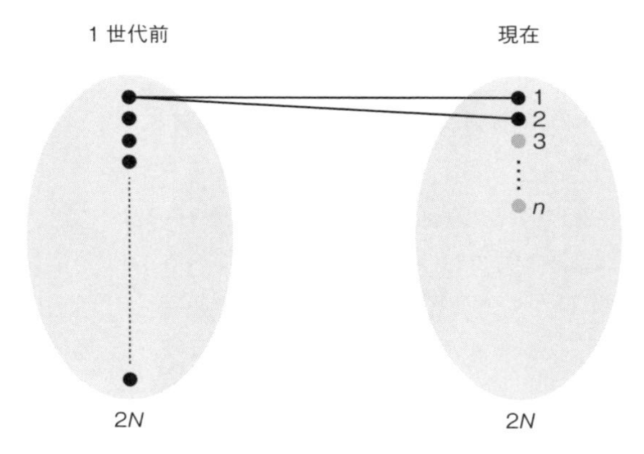

図 4.14　2つのサンプルが1世代前に同祖になる確率． 2つのサンプルが1世代前に同祖になる確率は，染色体数が $2N$ の時，$1/2N$ になる．

る世代数の期待値は $2N$ になる．これは，1の目が出る確率が 1/6 のサイコロを振る時に，1の目が出るまでの回数の期待値は6回であること，あるいは，表が出る確率が 1/2 のコインを用いて表が出るまでの試行回数の期待値は2回であることを想像すれば理解できる．1世代あたりの突然変異率を μ とすると，$2N$ 世代で生じる変異の期待値は $2N\mu$ となる．ランダムに選んだ2サンプルの間の変異数の期待値 π は，2サンプルのどちらで変異が入っていてもよいので，$2N\mu$ に2をかけることで求まる．つまり **π の期待値は $4N\mu$** となる（図 4.15）．

では次に，中立な遺伝子座における S の期待値 $E(S)$ を求めてみよう．遺伝子系図の枝の全長（T_{total}）がわかれば，$E(S) = \mu T_{\mathrm{total}}$ で求めることができる．遺伝子系図の枝の全長 T_{total} は，4サンプルの場合だと，図 4.16 の通り，

$$T_{\mathrm{total}} = 2T_2 + 3T_3 + 4T_4$$

である．n 数のサンプルへと一般化すると，

$$T_{\mathrm{total}} = \sum_{i=2}^{n} iT_i \qquad \text{（式 4.1）}$$

で表すことができる．

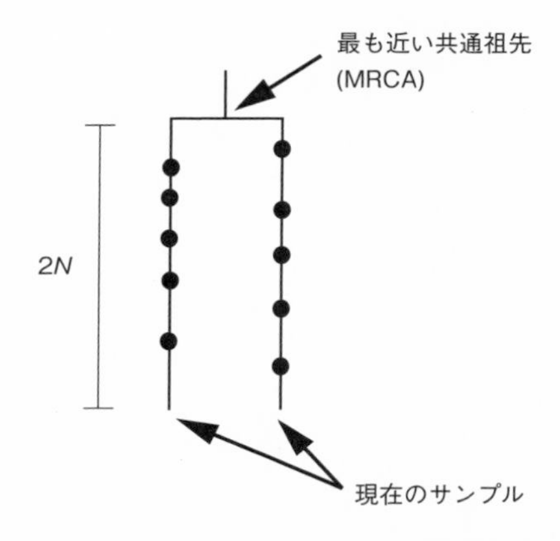

2 サンプル間の多型サイト(●)の数の期待値は $4N\mu$

図 4.15 2 サンプルの間に存在する多型サイト数. 現在の手元の 2 サンプルの間に存在する多型サイトの数は，最も近い共通祖先(MRCA)まで遡って遺伝子系図の枝のどちらかに変異が入っている期待値で求めることができる．1 本の枝の長さの期待値は $2N$，2 本の枝の長さの期待値は $4N$ なので，$4N\mu$ になる．

ここで，n サンプルのうちのどれか 2 つのサンプルが最初に同祖になるまでの世代数 T_n(4 サンプルの例であれば，T_4)の期待値を求めよう．そのために，まず，2 つのサンプルが 1 世代前に同祖にならない確率を計算すると，

$$\frac{2N-1}{2N}$$

になる(図 4.17)．次に，サンプルをもう 1 つ増やして，3 つのサンプルがどれも 1 世代前に同祖にならない確率を計算すると

$$\frac{2N-1}{2N} \times \frac{2N-2}{2N}$$

になる(図 4.17)．同様に計算を続けると，n 個のサンプルがどれも 1 世代前に同祖にならない確率は，

$$\frac{2N-1}{2N} \times \frac{2N-2}{2N} \times \frac{2N-3}{2N} \times \cdots \times \frac{2N-n+1}{2N}$$

になる(図 4.17)．これを整理すると，

$$\left(1-\frac{1}{2N}\right) \times \left(1-\frac{2}{2N}\right) \times \left(1-\frac{3}{2N}\right) \times \cdots \times \left(1-\frac{n-1}{2N}\right)$$

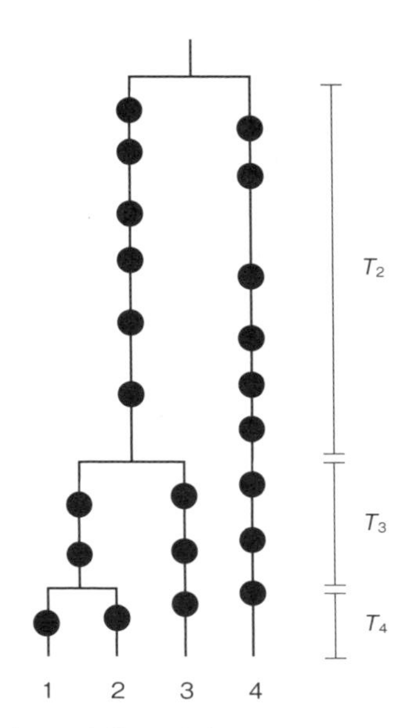

図 4.16　コアレセンスするまでの世代.　現在4サンプルが手元にあるとすると，どれか2つのサンプルが最初にコアレセンスするまでの時間を T_4，そこから次のどれか2つのサンプルがコアレセンスするまでの時間を T_3，最後の2つのサンプルがコアレセンスするまでの時間を T_2 と定義する．

となるが，ここで，N^2 以降の項は小さいので無視するとすると，

$$1-\frac{1}{2N}-\frac{2}{2N}-\frac{3}{2N}-\cdots-\frac{n-1}{2N}$$

で近似できる．ここに

$$\frac{1+2+3+\cdots+(n-1)}{2N}=\frac{n(n-1)}{4N}$$

であることを利用すると，n 個のサンプルがどれも1世代前に同祖にならない確率は，

$$1-\frac{n(n-1)}{4N}$$

で近似できる．したがって，1世代前に n 個の中のどれか2つが同祖になる確率は，1からこの値を引いて

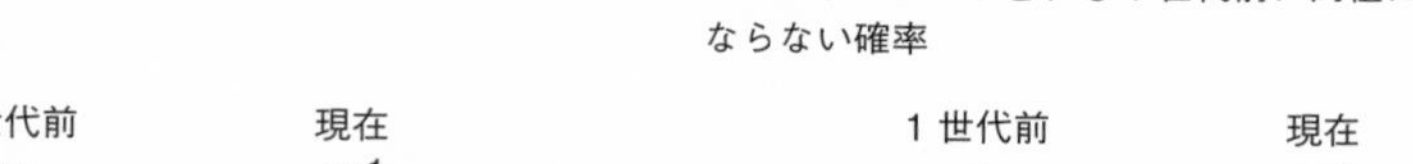

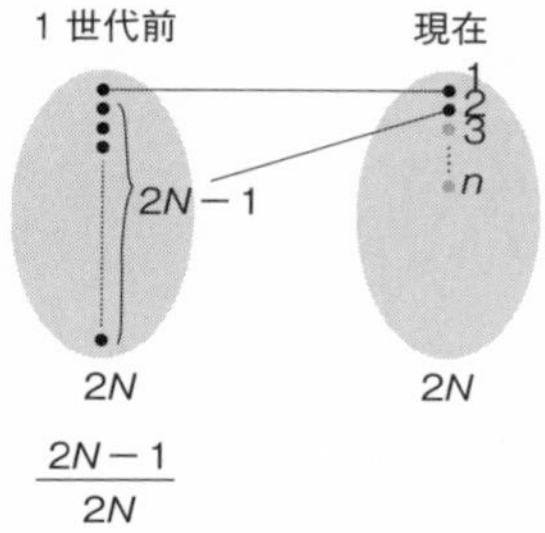

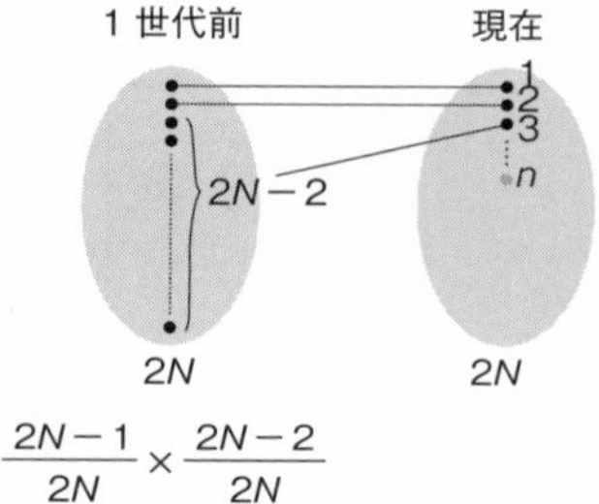

n 個のサンプルがどれも1世代前に同祖にならない確率

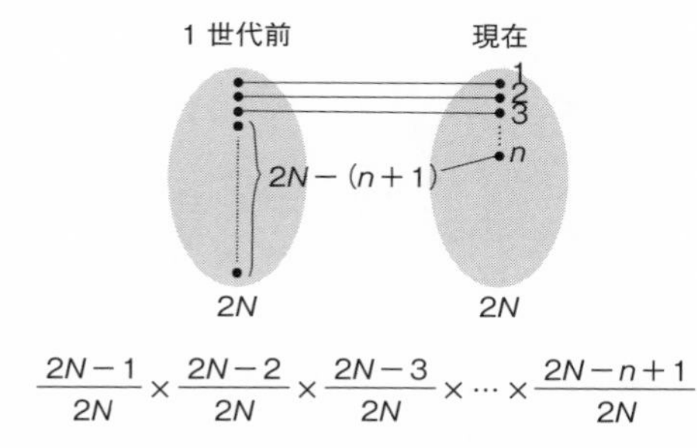

図 4.17 1世代前でコアレセンスしない確率を求める. 二倍体で個体数 N, すなわち染色体数が $2N$ の集団から n 個の染色体をサンプリングして解析していることを想定している.

$$\frac{n(n-1)}{4N}$$

で近似できるということになる. すると, n サンプルのうちのどれか2つのサンプルが同祖になる世代数の期待値, すなわち, 現在から遡って一番最初のコアレセントが起こると期待される世代数 T_n の期待値は, この逆数をとって

$$E(T_n)=\frac{4N}{n(n-1)} \qquad \text{(式 4.2)}$$

となる(逆数をとる理由は, 上述のサイコロやコイントスの例を参照).

さて, この式を利用して, いよいよ T_{total} を求めよう. 4サンプルの例で考えると(図 4.18), 4サンプル中のどれか2つのサンプルが最初に同祖になるまでの期待世代数 T_4 は(式 4.2)に $n=4$ を代入すると求めることができて $N/3$ であ

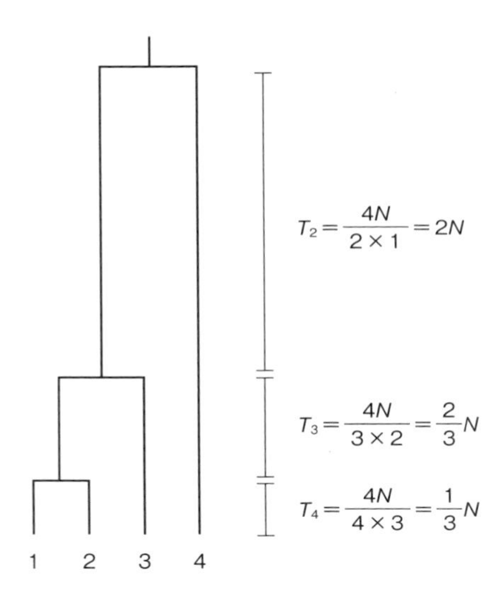

図 4.18　コアレセンスするまでの世代を計算.

る．次に，T_3 を求めるのであるが，ここでは2サンプルが既に同祖になっていて1個のサンプルとみなせるので，サンプルの数が1つ減って3となるので，$n = 3$ を代入して，$T_3 = 2N/3$ になる．このように，2サンプルがコアレセントするたびに1サンプルずつ減っていく．

これを一般化してみよう．式4.2から

$$E(T_i) = \frac{4N}{i(i-1)} \qquad \text{（式 4.3）}$$

なので，これを式4.1に代入すると

$$E(T_{\text{total}}) = 4N\sum_{i=2}^{n}\frac{1}{i-1} = 4N\sum_{i=1}^{n-1}\frac{1}{i}$$

となる．$E(S) = \mu T_{\text{total}}$ なので，S の期待値は

$$E(S) = \mu E(T_{\text{total}}) = 4N\mu\sum_{i=1}^{n-1}\frac{1}{i}$$

となる．

4.7　Tajima's *D*

さて，いよいよπとSを比較する方法を学ぼう．4.6で考察した通り，中立な条件下でのπの期待値$E(\pi)$は，

$$E(\pi) = 4N\mu$$

である．また，Sの期待値$E(S)$は，

$$E(S) = 4N\mu a$$

である．ここに，

$$a = \sum_{i=1}^{n-1} \frac{1}{i}$$

である．したがって，中立の条件ではπとSには以下の関係が成立する．

$$4N\mu = E(\pi) = \frac{E(S)}{a}$$

$E(\pi)$から推定した$4N\mu$のことをθ_π，$E(S)$から推定した$4N\mu$のことをθ_S（θ_Wと書く場合もある）と表す．ここで，以下の値をTajima's *D*という（Tajima 1989）．

$$\text{Tajima's } D = \frac{\theta_\pi - \theta_S}{\text{SD}}$$

この分母は標準偏差SDであるが，導出方法についてはここでは説明しない．知りたい読者はTajima（1989）を参照してほしい．

中立な遺伝子座では，Tajima's *D*はゼロに近い値になり，選択的一掃が生じた部位では負の値，平衡選択の働いた部位では正の値になる（図4.19）．ここで，Tajima's *D*は選択だけではなく，集団の履歴による影響を受けるので注意が必要である（図4.20）．すなわち，ボトルネック後に集団が拡大している最中は，遺伝子系図が選択的一掃に似たパターンになるため，Tajima's *D*は負の値になる．一方で，大きな集団が急に縮小したり，分集団が存在する場合には，遺伝子系図が平衡選択に似たパターンになる．しかし，集団履歴はゲノム全体

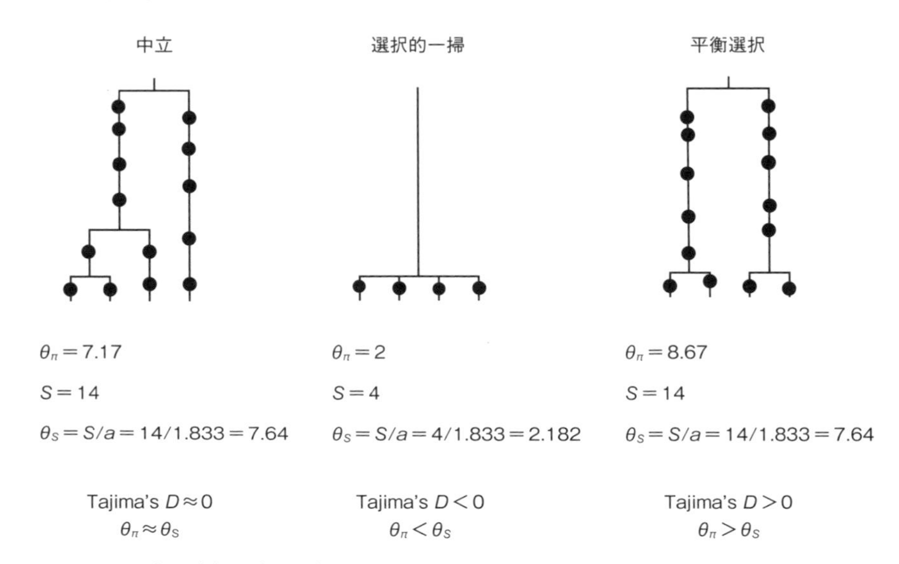

図 4.19　中立遺伝子座，選択的一掃が働いた座位，平衡選択の座位それぞれについて Tajima's D を計算．

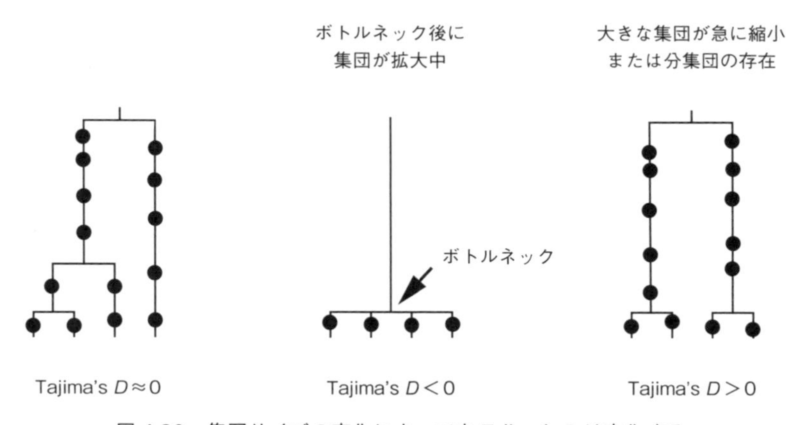

図 4.20　集団サイズの変化によっても Tajima's D は変化する．

に影響を与えるはずである．そこで，選択の痕跡を調べるためには，全ゲノムデータの Tajima's D をバックグラウンドにして，バックグラウンドに比べて高いか低いかで議論すべきである．

Tajima's D が報告されて以降，θ_π や θ_S 以外にも，$4N\mu$ の様々な推定値を用

いて，アリル頻度スペクトラムの歪みを検定する方法が考案された．例えば，Fay and Wu's H では，θ_S の代わりに，θ_H(新たに生じた変異のホモ接合度で重み付けした $4N\mu$ の推定値)が利用されている(Fay and Wu 2000)．Fay and Wu's H は，Tajima's D よりも，部分的一掃を見つけやすいが，平衡選択は見つけにくいなどの特徴がある．より詳しく知りたい読者は別の文献を参照してほしい(Hahn 2019)．

4.8　どのくらい前の選択的一掃まで解析可能なのか

全サンプルがコアレセンスする世代(全サンプルの MRCA)以前のことは推定できないはずである．そこで，全サンプルの MRCA の世代数(T_{MRCA})の期待値を求めてみよう．4 サンプルの場合，

$$T_{\mathrm{MRCA}} = T_2 + T_3 + T_4$$

である．n サンプルで一般化すると，(式 4.2)を利用して期待値を表すと，

$$E(T_{\mathrm{MRCA}}) = \sum_{i=2}^{n} T_i = \sum_{i=2}^{n} \frac{4N}{i(i-1)} = 4N \sum_{i=2}^{n} \frac{1}{i(i-1)}$$

となる．さて，

$$\begin{aligned}\sum_{i=2}^{n} \frac{1}{i(i-1)} &= \sum_{i=2}^{n} \left(\frac{1}{i-1} - \frac{1}{i} \right) \\ &= \left(\frac{1}{1} - \frac{1}{2} \right) + \left(\frac{1}{2} - \frac{1}{3} \right) + \cdots + \left(\frac{1}{n-1} - \frac{1}{n} \right) \\ &= 1 - \frac{1}{n}\end{aligned}$$

なので，n が十分に大きい場合，この値は 1 に近づくことから，

$$E(T_{\mathrm{MRCA}}) \approx 4N$$

となる．したがって，おおよそ $4N$ 世代以前の選択的一掃は解析できないことになる．

BOX 4：コアレセント理論を用いた集団履歴解析

4.7で説明した通り，集団のボトルネックや拡大などによって遺伝子系図やアリル頻度スペクトラムが変化する．例えば，式4.3によると，集団サイズが低下するとコアレセンスまでの時間が短くなる．全ゲノムレベルで見ればほとんどの領域が中立であると仮定すれば(選択の作用するゲノム領域は少数に限られていると仮定すれば)，全ゲノムレベルでの遺伝子系図やアリル頻度スペクトラムの情報を利用して集団履歴を推定することができるはずであり，様々な手法が開発されてきた．代表的な手法をいくつか紹介すると，二倍体生物の1個体の全ゲノム配列を利用して，2本の染色体のコアレセンスまでの時間をゲノム上の多数のウィンドウについて計算することで過去の集団履歴を推定する方法(PSMC; pairwise sequentially Markovian coalescent)(Li and Durbin 2011)，複数個体の全ゲノム配列を用いて似た計算を行う方法(MSMC; multiple sequentially Markovian coalescent)(Schiffels and Durbin 2014)などがある．また，集団履歴のモデルとパラメータを様々に振り，シミュレーションを行ってアリル頻度スペクトラムをつくり，実測データのアリル頻度スペクトラムと比較することで，実測データを最もよく説明するモデルとパラメータを推定する方法などがある(Gutenkunst *et al.* 2009; Excoffier *et al.* 2013)．より詳しく知りたい読者は別の文献を参照してほしい(山道と印南 2010; Hahn 2019)．

第5章

適応進化の分子機構

5.1　遺伝基盤とは？

本章では，適応進化の原因遺伝子や原因突然変異といった分子機構について学ぶ．本書のテーマは野生生物の進化の遺伝基盤(genetic basis)であるが，そもそも遺伝基盤という用語は何を意味するのだろうか．まずは遺伝基盤という言葉について一度整理したい．遺伝基盤には大きく3つの階層がある(Kitano *et al*. 2022)(図5.1)．

1つ目は，遺伝率や遺伝的相関などの**量的遺伝的な情報**である．ある形質が遺伝するのかどうか，どの程度の遺伝率なのかという情報が進化の予測に役立

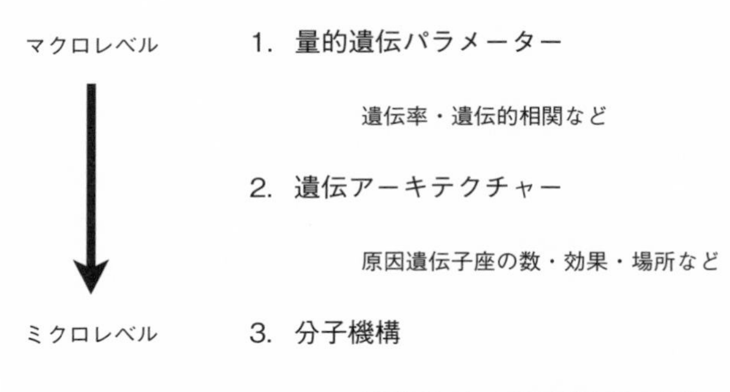

図5.1　遺伝基盤をどこまで掘り下げるか？

つことは，既に第2章で学んだ．加えて，異なる形質の間の遺伝的相関の情報も短期的な進化の道筋を予測することに役立つことを第2章で学んだ．

2つ目は，**遺伝アーキテクチャー(genetic architecture)**である．これは原因遺伝子座の数・効果・場所などの情報である．遺伝アーキテクチャーに関する情報は，第3章で学んだQTLマッピングやGWASなどによって得ることができる．効果の強い1つの原因遺伝子座で表現型の違いが説明できるような場合には，第1章で学んだ通り集団遺伝のモデルが進化の予測に適しているだろう．逆に，効果の弱い多数の原因遺伝子座がある場合には，第2章で学んだ通り量的遺伝のモデルが進化の予測に適しているだろう．原因遺伝子座が1つの場合を一方の極に，原因遺伝子座が無数の場合を他方の極にすると，多くの場合は，この間に入るであろう．すなわち，効果の強い少数の遺伝子座と効果の弱い多数の遺伝子座の組み合わせなどが想定できることも第3章で学んだ．遺伝子座の数と効果が異なる場合に，選択への進化的応答がどのように変化するのかは現在最も活発に研究されている分野であり，本書の執筆時点では，まだその全貌が明らかになっていない(Barton and Keightley 2002)．なお，原因遺伝子座の場所が，どのように進化動態に影響を与えるかについては，第6章と第7章で説明する．

3つ目は，**分子機構(molecular mechanism)**である．すなわち，原因遺伝子や原因突然変異といった分子的実態である．重要なことに，例えば効果の強い1つの遺伝子座が見つかったとしても，必ずしも効果の強い1つの突然変異が原因であると結論することはできない．例えば，遺伝子座*bab*は，ショウジョウバエにおける色素の多様性の分散の60％以上を説明するものの，個々のSNPが説明する分散は1～2％であり，多数の変異の総合的効果によって強い作用が生み出されている(Bickel *et al.* 2011)．したがって，進化は少数の大きな効果の変異によって起こるのか，多数の効果の弱い変異によって起こるのかという古来からの論争に答えるためには，原因となる突然変異の情報が不可欠である(Remington 2015)．また，収斂進化が同じ遺伝子あるいは同じ突然変異に由来するのかを明らかにするためには，原因遺伝子座が共通であるかを調べるだけでは不十分であり，原因遺伝子や原因突然変異を特定して比較することが必須である(Martin and Orgogozo 2013)．

5.2　原因変異の特定と解析

では，どのように原因遺伝子や原因突然変異を特定し，その機能を解析すればよいのであろうか．研究対象としている生物で候補遺伝子や候補変異について遺伝子操作を行うことができれば理想的である．ある遺伝子をノックアウトしたり強制発現することでその遺伝子の機能を知ることができるし，より詳細なゲノム編集技術を用いることで特定の突然変異の機能を知ることも可能である．それが難しい場合には，近縁の実験モデル生物における遺伝子操作で代用するのがよいであろう．それすらも難しい場合には，細胞株での解析などが考えられる．以下に，原因突然変異がアミノ酸変異の場合，発現調節領域の場合，コピー数変異の場合のそれぞれについて(図 5.2)，代表的な研究例を挙げる．

原因突然変異がアミノ酸変異の場合の例を挙げよう．一部の植物は，強心配糖体(cardiac glycoside)という毒素を産生する．強心配糖体は，Na^+/K^+-ATPase というイオンチャネルを阻害する作用がある．しかし，オオカバマダラなどの昆虫では，Na^+/K^+-ATPase にアミノ酸置換があり，強心配糖体への耐性を進化させている．強心配糖体への耐性を持つ昆虫のアミノ酸配列を比較した結果，Na^+/K^+-ATPase の 111，119，122 番目のアミノ酸置換が重要であ

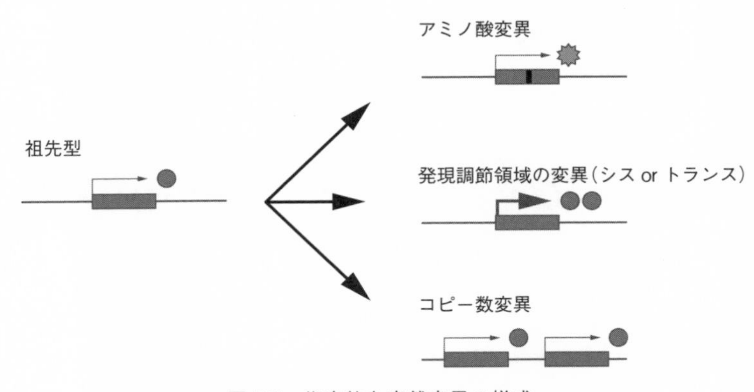

図 5.2　代表的な突然変異の様式.

ることが示唆された(Karageorgi *et al*. 2019; Taverner *et al*. 2019). そこで，実験モデル生物のキイロショウジョウバエにおいて，ゲノム編集技術を用いてこれらのアミノ酸置換を導入し，強心配糖体への耐性が解析された．その結果，特に111番目と122番目のアミノ酸置換が耐性を大きく上昇させることがわかった．しかし興味深いことに，119番目のアミノ酸の置換がない条件で，111番目と122番目だけにアミノ酸置換を導入すると痙攣が起こりやすくなって，むしろ有害であることが示された(強心配糖体が存在しない条件での致死率が上昇する)．すなわち，111番目と122番目のアミノ酸置換が有利になるためには，それらに先行して，119番目のアミノ酸の置換が生じていることが必須だというのである．実際，系統解析によると，119番目のアミノ酸の置換は，111番目と122番目のアミノ酸置換に先んじてあるいはほぼ同時期に生じていることが示された．このようにアミノ酸置換の機能を近縁種で解析することで，**適応進化の基盤となる突然変異の順序についても理解することが可能**になる．これ以外にも，ビーチマウスやシロアシネズミの毛色の違いを生み出すメラノコルチン1受容体(*Mc1r*)遺伝子やAgouti遺伝子のアミノ酸置換の機能を，ヒト由来の培養細胞株で解析したり，実験モデル生物のマウスで解析したりした研究例も有名である(Hoekstra *et al*. 2006; Barrett *et al*. 2019).

原因突然変異がシス発現調節領域に生じた例を挙げよう．**シス発現調節領域**とは，注目している遺伝子と同じ染色体に座乗しており，通常は物理的距離が近くにある(どの程度を近傍とするかについては諸説あるが)発現調節領域のことである．例えば，遺伝子のプロモーター領域やエンハンサー領域などが該当する．一方，**トランス発現調節因子**とは，転写因子など，シス発現調節領域に結合して遺伝子発現調節をするもので，その遺伝子は通常，シス発現調節領域から離れた場所に座乗している．

キイロショウジョウバエ(*Drosophila melanogaster*)では，幼虫の背側にトライコームという毛のような構造が多数あるが，*Drosophila sechellia* ではトライコームがない．このトライコームの適応的意義は不明であるが，この種間の形態的違いは *shavenbaby*(英語で「毛の剃られた赤ちゃん」の意味)と名付けられた遺伝子を含む1つの遺伝子座で決定されていることが連鎖解析によって明らかになった(Stern and Frankel 2013)．特に *shavenbaby* 遺伝子の *E6* と呼ばれるエンハンサーに着目したところ，キイロショウジョウバエと *D. sechellia* では7

か所ほどに変異が見つかった．そこで，キイロショウジョウバエを利用してこれらのうち 1 か所だけを置換した系統，全てを置換した系統などを作出したところ，1 か所の置換だけではトライコームの表現型は大きく変わらなかったが，7 か所全てを置換すると表現型が大きく変わった(Frankel *et al*. 2011)．この研究は，1 つの効果の強い原因遺伝子座が，実際には複数の突然変異の相互作用(エピスタシス: epistasis)に起因していることをうまく示している．これ以外にも，シクリッドの臀鰭の卵様のスポットを生み出す遺伝子の上流配列の機能を実験モデル生物のゼブラフィッシュで解析した研究例などがある．このシクリッドの事例では遺伝子発現調節領域へのトランスポゾンの挿入が原因と考えられている(Santos *et al*. 2014)．

原因突然変異が遺伝子のコピー数変異である例を挙げよう(図 5.3)．トゲウオ科のイトヨ(*Gasterosteus aculeatus*)は遡河回遊型・淡水型ともに生存に必須

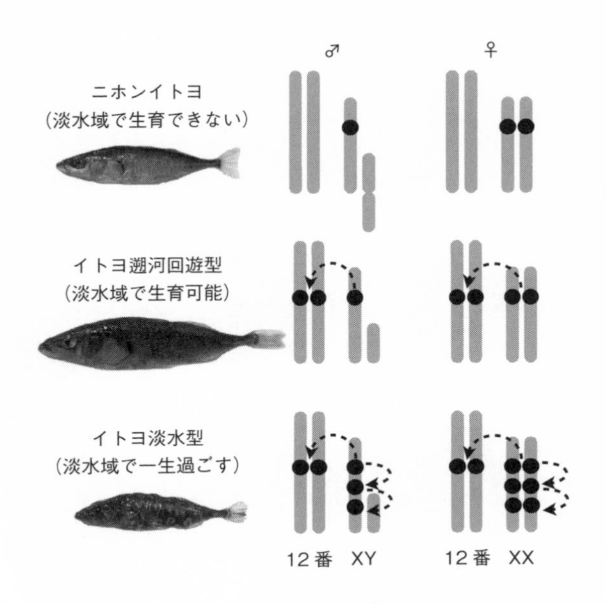

図 5.3 コピー数変異による適応進化の例． DHA 合成に関わる *Fads2* 遺伝子は，ニホンイトヨでは X 染色体上に 1 コピーしかない．イトヨでは第 12 番染色体にコピー・アンド・ペーストされて重複している．淡水進出してから長い年月がたったイトヨ淡水型の集団では，X 染色体上のコピー数がさらに直列して増幅している．

な多価不飽和脂肪酸の DHA(ドコサヘキサエン酸)を合成する能力が高く，近縁種のニホンイトヨ(*Gasterosteus nipponicus*)は DHA の合成能力が低い(Ishikawa *et al.* 2019)．淡水生態系では一般に餌成分中に DHA が少なく，イトヨは淡水生態系で生存できるが，ニホンイトヨは生存できない．また，DHA 合成に関わる *Fads2* 遺伝子のコピー数は，ニホンイトヨよりもイトヨで高い．ニホンイトヨでは X 染色体上に 1 コピーしかない *Fads2* 遺伝子が，イトヨでは別の常染色体にコピー・アンド・ペーストされて重複したことによる．そこで，*Fads2* 遺伝子のコピー数変異の貢献を明らかにするために，ニホンイトヨに *Fads2* 遺伝子を強制発現させると DHA 合成能力が高まり，DHA なしの餌でも生存できるようになった．淡水進出してから長い年月がたったイトヨ淡水型の集団では，X 染色体上のコピー数がさらに直列して増幅している(タンデム重複という)．

興味深いことに，タンデム重複によるコピー数の増加は，コピー数に比例した以上の効果をもたらすことがショウジョウバエの研究で示されている(Loehlin and Carroll 2016)．醸造所に適応した *Drosophila virillis* は，ADH(アルコールデヒドロゲナーゼ)をコードする遺伝子をタンデム重複させており，近縁種の *Drosophila americana* の 2 倍のコピー数を持つ．しかし，その ADH 活性は *D. americana* の 2 倍よりももっと高い．キイロショウジョウバエを利用した遺伝子操作によって，ADH をコードする遺伝子をタンデムにつなぐと，単にコピー数に比例した以上の遺伝子発現量の上昇効果が観察されている．その詳細なメカニズムは不明であるが，コピー数の増加と一口にいっても，**タンデム重複する場合と，異なる染色体にコピー・アンド・ペーストされて増える場合では，その効果が違う**ことを示唆する研究例である．

以上のように，適応進化の分子的実態に迫るためには，遺伝子操作を利用して，候補遺伝子や候補変異の機能を解析することが必要である．

5.3　どういった突然変異が重要か？

アミノ酸置換，調節領域の変異，コピー数変異について見てきたが，どれが最も適応進化に重要なのだろうか．調節領域の変異こそが表現型の進化に重要だという意見がある(King and Wilson 1975; Carroll 2005). ふつう, 1つの遺伝子は複数の機能を持っている. このような多機能性のことを**多面発現性**(**pleiotropy**)という. 例えば, 多細胞生物の場合, ある遺伝子は複数の組織で発現していることが多い. 遺伝子産物のアミノ酸を変えてしまうと遺伝子産物自体の機能も変化するため, 複数の組織での機能に同時に影響を与えると予測される. 一方で, シス調節領域には組織特異的に発現を高める**エンハンサー**(**enhancer**)と呼ばれる調節領域があるが, 組織特異的エンハンサーを変化させれば, 特定の組織における遺伝子量の変化のみを変化させることができる. したがって, **シス調節領域の変異は一般的に多面発現性が少なく適応進化に重要である**という意見である. 一方で, アミノ酸置換が重要だという主張もあり(Hoekstra and Coyne 2007), 決着を見ていない.

あるメタ解析によると, 形態進化ではシス調節領域の変異が関与している割合が多そうである(Stern and Orgogozo 2008). また, 実験によって, シス調節変異の方がアミノ酸置換よりも効果が大きいことを示す研究例もある. 例えば, ADH活性の異なるショウジョウバエの集団や種について(この場合, 上述のコピー数の変異はない種を利用している), ADHをコードする遺伝子のシス調節領域を種間で置き換えた時の活性変化の方が, アミノ酸を置き換えた時の活性変化よりも効果が大きいことがキイロショウジョウバエにおける遺伝子操作を駆使することで示されている(Loehlin *et al.* 2019). どういった変異が進化, 特に適応進化や種分化に重要かは, 今後に残された未解決課題といえる.

5.4　収斂進化の遺伝基盤と予測可能性

収斂進化において, 同じ遺伝子が関与する傾向があることが広く知られつつある. このような遺伝子のことを**ホットスポット遺伝子**(**hotspot gene**)と呼ぶ. 例えば, 2013年の総説によると, 1008の異なる系統を用いたQTLマッピングの研究例のうち357例(35%)で, 共通の遺伝子にマッピングされていた(Martin and Orgogozo 2013). 合計111のホットスポット遺伝子が見出されている(Martin and Orgogozo 2013). つまり, 全く新しい系統を用いてある形質のQTLマッピングを行った場合, 約3割の確率で, その形質について先行研究が既に同定している遺伝子にマッピングされるだろうということを意味する．また，近い分類群間ほど同じ遺伝子を用いる傾向があることも示されている(Conte *et al.* 2012)．

収斂進化において同じ遺伝子が利用されるケースをさらに2つに分けることができる(図5.4)．1つは，異なる系統で，同じ遺伝子に独立して突然変異が生じた場合である(図5.4左)．もう1つは，単一起源の変異を複数の集団や種が共有する場合である(図5.4右)．変異アリルを共有するメカニズムとしては，そもそも祖先集団が**祖先多型**(**ancestral polymorphism**)を保持しており，それが子孫種でソーティングされて生じる場合と，集団間で**遺伝子浸透**(**introgression**)によって共有する場合などがある．異なる系統で独立して突然変異が生じた場合には，アリルの遺伝子系図は，集団や種の系統樹と似たものになるだろう(図5.4)．一方で，最近の遺伝子浸透で収斂進化が生じた場合には，アリルの遺伝子系図は，集団や種の系統樹と異なったものになり，むしろ表現型の似たものどうしが組む遺伝子系図になるだろう(図5.4)．祖先多型の場合には，突然変異の生じた時期や集団・種の分岐時期などによってケースバイ

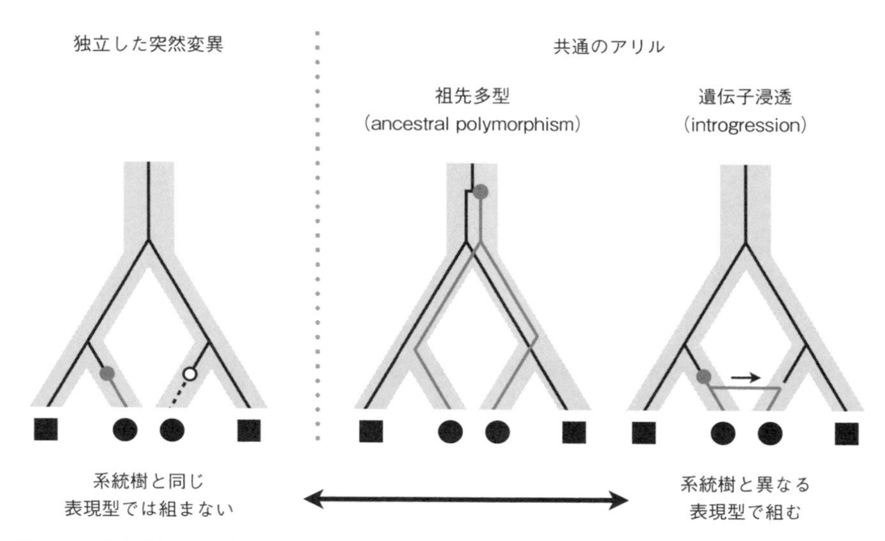

図5.4　適応遺伝子の遺伝子系図．■と●は表現型を示す．灰色は集団や種の系統樹を示しており，線はアリルの遺伝子系図を示す．遺伝子系図上の点は突然変異が生じたことを示す．灰色と白色は異なる突然変異を示す．

ケースになる．

独立した突然変異による収斂進化の有名な例として，メラノコルチン1受容体(MC1R)の変異による体色の変化が挙げられる．複数の分類群において，MC1Rの様々な部位にアミノ酸置換が入ることで体色の多型が生じることが観察されている(Hoekstra 2006)．また，淡水に進出したイトヨでは，腹棘を退縮させている集団があるが(その適応的意義には諸説ある)，この収斂進化は，複数集団で，*Pitx1* 遺伝子の発現調節領域に独立して突然変異が入ったことに起因すると考えられている(Shapiro *et al*. 2004; Chan *et al*. 2010)．

一方，単一起源の変異を複数の集団や種が共有する収斂進化の例として，イトヨにおける鱗板退縮がある(Colosimo *et al*. 2005)．淡水に進出したイトヨでは，多くの集団で鱗板を退縮させることが知られている．カルシウムや天敵の少ない淡水域では形成にコストのかかる鱗板を退縮させることが有利であると考えられている(Reimchen 1992)．さらに，鱗板がない方が浮力が増したり体のしなりがよくなったりして逃避・遊泳能力が上昇するという説も提唱されている(Myhre and Klepaker 2009; Bergstrom 2011)．鱗板の減少は，*Ectodyspla-sin-A*(*Eda*)遺伝子に200万年以上前に生じた変異アリルを複数の淡水集団が共有することで生じたと考えられている．祖先多型だけでなく，現在も，海と河川の集団の間でイトヨの交雑は生じており，遺伝子浸透の作用によってもこのアリルは世界に広がったのであろう(Schluter and Conte 2009)．その一方で，日本の岐阜県や滋賀県に陸封化されている淡水イトヨ集団では，これらとは別の独立した突然変異によって鱗板の退縮が生じていることもわかっており，これらの日本の集団には欧米のアリルが浸透してこなかったことが原因と考えられる(Yamasaki *et al*. 2019)．このように，同じ種内の収斂進化でも複数の遺伝メカニズムによって生じる事例がある．

なぜ，特定のホットスポット遺伝子が利用される傾向があるのであろうか？大きく3つの可能性がある．まず，その表現型を生み出すことのできる遺伝子や突然変異の数がそもそも少ない場合，特定の遺伝子が繰り返されて利用されることになるだろう(Orr 2005)．しかし，分子生物学的研究によると，多数の遺伝子や突然変異が同じような表現型を生み出す例も多く，これだけでホットスポット遺伝子の出現理由を説明することは難しいかもしれない．2つ目は，**突然変異のバイアス(mutational bias)**である．*Pitx1* の発現調節領域にはTG

リピートがあり，Z-DNA の立体構造をとることで二本鎖切断が起こりやすく突然変異の生じやすい**脆弱部位**(**fragile site**)であることが報告されている(Xie *et al*. 2019)．脆弱部位の突然変異率は，ヒトでは 10^{-5} くらいであり，平均的な一塩基置換の突然変異率が 10^{-9}〜10^{-8} のオーダーであること(1.2 参照)を考えると桁違いに高い．特定の遺伝子が利用される3つ目の可能性は，**最適多面発現性**(**optimal pleiotropy**)である(Stern and Orgogozo 2008, 2009; Kopp 2009)．ある突然変異が，複数の形質を適応度を高める方向に同時に変化させ，それ以外の形質には小さな影響しか与えないような場合に，最適な多面発現性があるといえる．例えば，シグナル経路の上流における変異は，多数の形質を同時に改変し，全ての形質の変化が適応的ではないかもしれない．一方で，シグナル経路下流における突然変異は，少数の形質に小さな変化を誘導するのみであり，全適応度への効果は弱いかもしれない．したがって，シグナル経路中間に位置するハブのような遺伝子の突然変異こそが，特定の形質を同時に改変できて適応進化に重要であるという仮説が提唱されているが，まだ仮説の域を超えない．

今後も，適応進化の原因遺伝子や原因突然変異が次々に明らかにされ，ゲノム編集技術などを利用して進化の再現実験が行われることによって，ホットスポット遺伝子の生まれる原因が明らかになってくると期待される．

カラム：「決定論と偶発性」
グールドの生命のテープのリプレイ思考実験

収斂進化は，進化の再現性（repeatability）や予測可能性（predictability）などを議論する際に中心テーマに取り上げられることが多い．生物が同じ環境にさらされた時に，どの程度似たような表現型になるのか，同じような遺伝子が変化するのかというのは，まさに進化の再現性や予測可能性に関わるテーマだからである．スティーブン・ジェイ・グールドは，バージェス頁岩を紹介した有名な著作『ワンダフルライフ』の中で，**生命のテープをリプレイするとどうなるか？**　と問うた（Gould 1989）．彼は「バージェスを起点にして，テープを100万回リプレイさせたところで，ホモ・サピエンスのような生物が再び進化することはないだろう」と考えた．しかし一方で，バージェス頁岩の研究で有名なサイモン・コンウェイ＝モリスは，その著作『進化の運命—孤独な宇宙の必然としての人間』の中で，収斂進化の例を多く挙げながら，「生物体のつくりが，ある“必要”に迫られると，そのつど繰り返し同じ解決策（選択肢）にたどり着いてしまう」として，生命のテープをリプレイしても似たような生物が生まれるであろうと考察した（Conway Morris 2003）．

グールドの本は，進化における**偶発性（contingency）**の重要性を指摘した書として有名である．しかし，グールドは2つの偶発性を混同しているという指摘もされている（Beatty 2006）．1つ目は，**予測不可能性（unpredictability）**で，「偶発性のせいで，全く同じ出発点から再開した場合でさえ，同じイベントが反復されることはない」という考えである．すなわち，ランダムなイベントが存在するが故に，確率や分布については予測できるが個別のイベントについて予測することはできないという確率論的視座に近いだろう．この場合，初期条件が全く同一でもその後の結末が変わりうる．もう1つの偶発性は，初期条件が偶然異なることによって，おかれた環境が全く同じでも表現型が変わること，すなわち，初期条件への**因果依存性（causal dependence）**によるものである．「一連の先行状態のうちのどれか1つが大きく変わるだけで，最終結果が変更されてしまう．したがって歴史上の最終結果は，それ以前に生じた全ての事態に依存している」という考えである．未来は初期状態で決定されるのだが，初期状態を完全に把握したり再現することができないが故に生じる予測性・再現性の低下である．極論でいうと，全ての法則と初期条件を把握できれば未来は完全に予測できるという「ラプラスの悪魔」の決定論的視座に近いといえる．

第6章

種分化の定義および内因性雑種異常の遺伝基盤

6.1　種分化の定義

本章と第7章で扱う素朴な疑問は「どのようにして新しい種が生まれるのか？」すなわち「どのように種分化が起こるのか？」である．野外で生物を観察していると，似ているけれど違う生き物，違うけれど似ている生き物などがあり「これらは別種なのか，同種なのか？」といった疑問が湧いてくるであろう．いかにしてこの問いに挑むのかを議論する．

種分化を研究する際に，直面する最初の壁は「種とは何か」の定義の問題である．残念ながら，現在に至るまで，全ての生物学者を満足させる種の定義はない．ここでは，種の定義を考える上で外せない3人の研究者の古典的主張をまず順番に振り返る．1人目は，**カール・フォン・リンネ**である．分類学の父とも呼ばれるリンネは，種は不変性(constancy)と客観性(objectivity)を持ったものであると主張した(Mayr 1963)．その信念のもと，形態的差異に基づいて種の分類を行い分類体系を確立した．現在に至るまで，分類学では，この分類体系が基本的に用いられている．

その後，**チャールズ・ダーウィン**は，種と変異は本質的に同じであるという考えに基づいて『種の起原』を書いた．この本の中でダーウィンは「私は，種という用語を，お互いに似た個体の集まりについて，便宜上用いていることがわかるであろう．種(species)とは，より曖昧で不安定な型を示す変異(variation)と本質的には違いがない」と記している(Darwin 1859)．また，異なる表現型を示す3つの変異型について「これらの3つの型を明確な種に変換するためには，より多くの，あるいは，より程度の大きな変化の過程があったと仮定すればよい」と記している(Darwin 1859)．つまり，ダーウィンは，種と変異の違いは程度の違いであると考えた．では本当に，種分化とは，単に表現型の違いが大きくなるだけであろうか．

3人目に挙げる**エルンスト・マイア**は「種とは，実際にあるいは潜在的に互いに交配している自然集団の集合体で，そのような別の集合体から生殖的に隔離されているものである」と定義した(Mayr 1942)．すなわち，**生殖隔離(reproductive isolation)**を種の定義の主眼においた．同じ主張はテオドシウス・ドブジャンスキーもしているし(Dobzhansky 1937)，似たようなアイディアはダーウィンの著作にも見られるが(Darwin 1859)，一般的に，生殖隔離に基づいた種の定義のことを，マイアの**生物学的種概念(biological species concept: BSC)**ということが多い．

マイアの生物学的種概念に従うと，種分化(speciation)とは生殖隔離(reproductive isolation)の進化である．生殖隔離をもたらす要因は様々であり，生活史のステージに応じて分類したマイアの表は有名である(Mayr 1942)．マイアの表を少し改変したものを図6.1に載せた．別種どうしの出会う確率が低かっ

交配前隔離(premating isolation)
- 繁殖時期の隔離(temporal isolation)
- 繁殖場所の隔離(habitat isolation)
- 移住者が交配まで生存できない(selection against immigrants)
- 性的隔離(sexual isolation)
- 送粉者隔離(pollinator isolation)

交配後・接合前隔離(postmating, prezygotic isolation)
- 機械的隔離(mechanical isolation)
- 配偶子隔離(gametic isolation)

接合後隔離(postzygotic isolation)
- 雑種の生態的不利(ecological selection against hybrids)
- 雑種の交配行動異常(hybrid courtship dysfunction)
- 内因性雑種致死(intrinsic hybrid inviability)
- 内因性雑種不妊・不稔(intrinsic hybrid sterility)

図6.1　生殖隔離機構の例．

たり，別種どうしの交配率が低いなど，交配前に働く**交配前隔離**(**premating isolation**)もあれば，雑種は形成されるものの雑種が致死であったり雑種が不稔になったりするという交配後に働く**交配後隔離**(**postmating isolation**)がある．また，交配前後で分けるのではなく，接合子の形成の前か後かで**接合前隔離**(**prezygotic isolation**)と**接合後隔離**(**postzygotic isolation**)に整理する分け方もある．例えば，別種の雌雄が交配できても，別種の精子と卵子がうまく受精できない場合などは，交配後で接合前に生じる隔離になる．マイア以降，図6.1に載せた以外にも多数の隔離機構が報告されており，より網羅的なリストを知りたい読者は，別の文献を参照してほしい(Coyne and Orr 2004; Futuyma and Kirkpatrick 2017)．野外では通常，複数の隔離機構が働いており，それらの累積的効果によって，トータルの生殖隔離の度合いが決まる．例えば，別種どうしは交配確率がゼロではないものの低い上に，交雑して雑種ができても不稔になるなどである．それぞれの生活ステージに働く隔離機構の貢献度を計算する方法もいくつか提唱されている(Sobel and Chen 2014)．

ジェリー・コインとアレン・オールは，ショウジョウバエについて，生殖隔離の進化する速度を調べた(Coyne and Orr 1989a, 1997)．X軸に，種のペアの遺伝的距離(Nei's *D*)をとり，Y軸に行動隔離の度合い，あるいは，雑種異常の度合いをプロットした(図6.2)．その結果，遺伝的距離が大きくなるにつれて行動隔離も雑種異常も度合いが増加すること，行動隔離の方が雑種異常より先に進化することが示された．この論文ではNei's *D*を分岐年代として解釈し

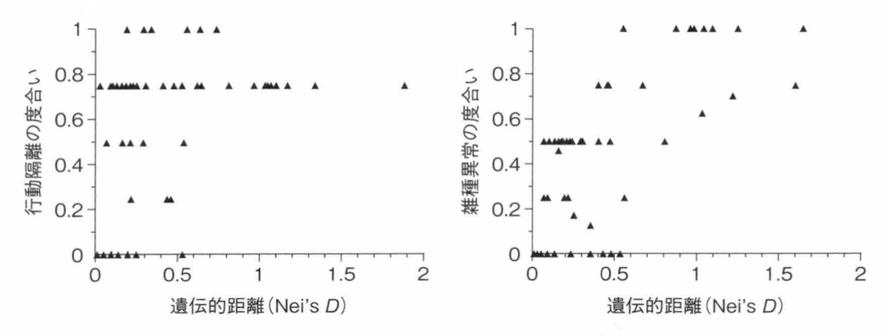

図6.2　ショウジョウバエにおける生殖隔離機構の進化．X軸はNei's *D*という遺伝的距離で，Y軸は行動隔離や雑種異常の度合いを定量化した値である．Coyne and Orr 1989a, 1997より引用．

ているが，実際には，Nei's D と分岐年代が同じではない場合も多い．いずれにせよ，この古典的論文の重要なメッセージの1つは，**生殖隔離はありかなしかという二者択一的なものではなく，量的な形質であり，程度の問題であると**いうことである．いったいどこまで生殖隔離が大きくなったら種として線引きできるのであろうか．この問いに答えるのは困難であり，コンセンサスを得ることは難しいであろう．どこで種の線引きをするかはさておき，現在の生物学では，生殖隔離という時に100％完全に隔離されていなくてもよいとする立場が多い．

ここまで議論してきた生殖隔離は，交雑が起こる頻度(別種個体間での交配成功率など)および雑種個体の適応度(生存率や妊性など)が低下することに着目して計測されたものであった．このような個体レベルでの生殖隔離は，同時に集団間での遺伝子の移動(遺伝子流動)を低下させる(遺伝子流動については第7章で詳しく学ぶ)．そこで，セルゲイ・ガブリレッツは「生殖隔離とは，何らかの違いによって集団間の遺伝子流動が減少したり妨げられたりすること」と定義した(Gavrilets 2004)．アンヤ・ウェストラムらも，**遺伝的違いに起因する集団間の遺伝子流動率の低下**を生殖隔離の定義としている(Westram *et al.* 2022)．ここで，遺伝子流動率の低下の起因を遺伝的違いに求めている点に注目したい．すなわち，単に山が隆起したとかの物理的な生息地の分断によって集団が遺伝子流動を停止しても，地理的分断**のみ**で種分化したとは定義しない．地理的に分断された集団が別々の遺伝的変異を蓄積して，二次接触(sec-

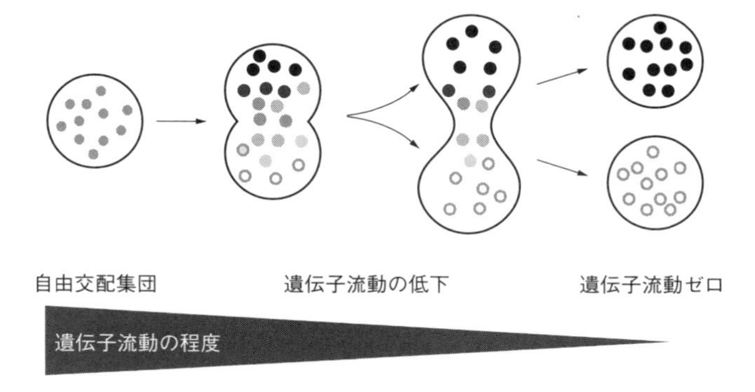

図 6.3　種分化とは，集団間の遺伝子流動を低下させる隔離機構が遺伝的変化によって生じる一連の過程である．

ondary contact)しても遺伝子流動が自由に生じない場合には種分化したといってよいであろう．このようなシナリオを異所的種分化(allopatric speciation)という．あるいは，生息地の好みが遺伝的に異なることが直接の原因となって生息地の地理的分断が生じて遺伝子流動が停止した場合にも，遺伝的違いに起因するが故に種分化したといえるだろう．

以上のように，実に様々な定義や考え方がある．本書では，上記の研究の流れを踏まえて，**種分化とは，集団間の遺伝子流動を低下させる隔離機構が遺伝的変化によって生じる過程**として捉える(図 6.3)．

6.2 種分化の遺伝基盤に迫るアプローチ

種分化(speciation)の遺伝基盤に迫る方法には，適応進化の遺伝基盤(3.1 参照)で議論した時と同じく，トップダウンで迫るアプローチとボトムアップで迫るアプローチがある．トップダウンアプローチとは，まず，野生生物の集団や種間に働く生殖隔離機構を地道に同定し，その生殖隔離機構の遺伝基盤について，第 3 章で紹介したような QTL マッピングや GWAS，第 5 章で紹介したような遺伝子操作などの方法で迫るものである．一方，ボトムアップとは，全ゲノム配列情報などから，遺伝子流動の低下に貢献する遺伝子座を同定し，その遺伝子座がどのように生殖隔離に貢献しているのかを解析する方法である．

本章ではトップダウンで迫る研究を概説し，次の第 7 章でボトムアップアプローチを概説する．生殖隔離機構の中でも，特に**内因性雑種異常(intrinsic hybrid abnormality)**について本章では説明する．内因性雑種異常は，内因性雑種不適合(intrinsic hybrid incompatibility)や内因性接合後隔離(intrinsic post-zygotic isolation)などとも呼ばれ，基本的には外部環境によらず雑種の適応度が親種よりも低い状態をいう．例えば，雑種が発生の途中で死んだり(内因性雑種致死)，成長が悪かったり，不妊になったりする例などがある(内因性雑種不妊)．内因性雑種異常はあくまでも生殖隔離機構の 1 つであり，たまに誤解をされることがあるが，**内因性雑種異常の進化と種分化は同義ではない**．内因性というからには，対比的な**外因性雑種不適合(extrinsic hybrid incompatibility)**もある．これは，野外環境でのみ雑種の適応度が低下し，飼育条件下などでは雑種の適応度の低下が見られない状態をいう．外因性雑種不適合については，次の第7章で生態的種分化の文脈で説明する．

どのように内因性雑種異常が進化するのかを理解するためには，これまでに学んできた適応進化(適応度を上昇させるような遺伝的変異が固定する過程)を理解するだけでは不十分である．なぜなら，雑種異常そのものが本来は適応的なわけではないからである．雑種異常が進化する遺伝メカニズムの理論モデルはいくつかあるが，大きく分けて，ドブジャンスキー・マラー不適合(2遺伝子座あるいは少数の遺伝子座のモデル)，ヘテロ接合体における適応度低下(underdominance)，倍数性(ploidy)の変化の3つがある(Reifová *et al.* 2024)．倍数性の変化とは，雑種が三倍体になるなどして，祖先種の二倍体との間に生殖隔離が進化する過程であり，植物などでよく見られるが，本書では触れないので別の文献を参照してほしい(Coyne and Orr 2004)．

6.3　ドブジャンスキー・マラー不適合

まず，**ドブジャンスキー・マラー不適合(DMI：Dobzhansky–Muller incompatibility)**を理解しよう．このモデルは，ベイトソン・ドブジャンスキー・マラー不適合(BDMI)とも呼ばれる(BOX 6.1参照)．ドブジャンスキー・マラー不適合モデルでは**2つの遺伝子座の間で生じる負の相互作用によって雑種異常が生じる**と考える．最もわかりやすい事例から始めよう．二倍体生物において，AとBの2つの遺伝子座が常染色体上にあるとする．AとBは同じ染色体にあっても，別の染色体にあってもよいが，ここでは別の染色体に座乗していて独立していることを想定した方がわかりやすいので，そのように仮定しよう．祖先種の遺伝型を$aabb$とする．片方の種では$a \rightarrow A$の突然変異が生じて，時間につれてAが固定して$AAbb$の遺伝型が固定したとする(ここで大文字は小文字のアリルに対して優性であることを示しているわけではないことに注意してほしい)．もう一方の種では，$b \rightarrow B$の突然変異が生じて，時間につれてBが固定して$aaBB$の遺伝型が固定したとする．この際，AとBの組み合わせは進化の過程で試されたことがなく，AとBの組み合わせで何らかの異常が生じるとするモデルがドブジャンスキー・マラー不適合である(図6.4

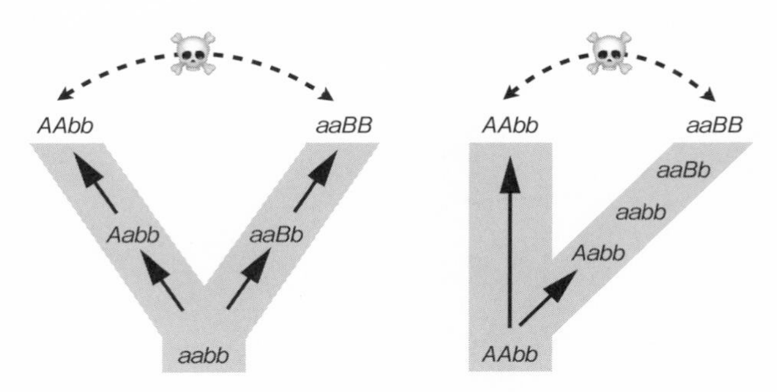

図 6.4　ドブジャンスキー・マラー不適合．　*aabb* が祖先型の場合(左)と *AAbb* が祖先型の場合(右)を示す．大文字・小文字は優性度とは関係がない．

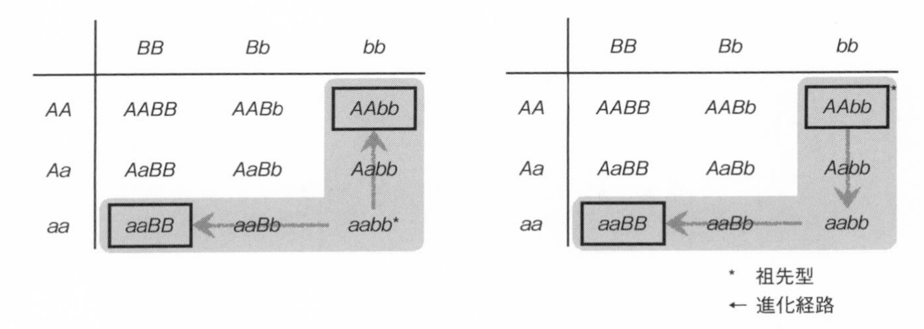

図 6.5　ドブジャンスキー・マラー不適合を表で示す．　*aabb* が祖先型の場合(左)と *AAbb* が祖先型の場合(右)を示す．矢印が進化の経路を示す．灰印の網かけは，進化の途上で生じた遺伝型を示す．

左)．祖先種の遺伝型を *AAbb* とし，そこから派生した種で $A \to a$，続いて，$b \to B$ の突然変異が生じるモデルも想定できる(図 6.4 右)．いずれにせよ，**進化の途上で試されたことのない *A* と *B* の組み合わせが異常を生み出すというモデル**である．原理的には 2 つ以上の遺伝子座に拡張することもできるが (Gavrilets 2004)，ここでは触れない．

2 つの遺伝子座間の相互作用を理解するために，2 つの遺伝子座の組み合わせで生じる遺伝型を表で整理してみよう(図 6.5)．二倍体生物において，両方の遺伝子座が常染色体に座乗しており，それぞれが独立している場合，9 通りの遺伝型の出現が期待される．このうち，図 6.5 の灰色で囲った 5 つの遺伝型は進化の途上で出現してきた遺伝型である．*aabb* が祖先種の場合は，右下か

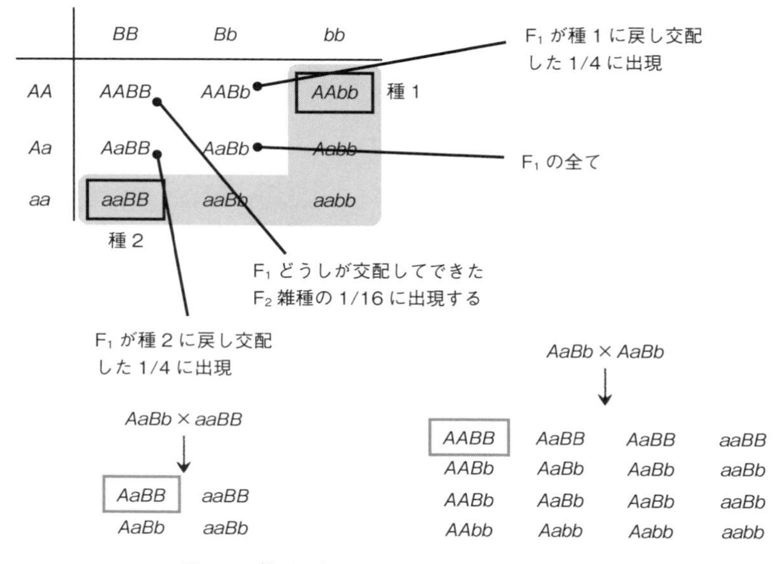

図 6.6　雑種で初めて出現する 4 つの遺伝型.

ら上へと進化した種と右下から左へと進化した種が生じたことになる．一方，祖先種の遺伝型を *AAbb* とした場合，右上が祖先種であり，派生種は右上から下へ進化し，さらに右下から左へと進化したことになる．いずれにせよ，灰色で囲った遺伝型は異常を示さない，すなわち，適応度を低下させることなく進化が起こる．

さてここで，残りの 4 つの遺伝型はいずれも雑種で初めて出現するものだ(図 6.6)．まず，*AaBb* は雑種 1 世代(F_1)の全ての個体が示す遺伝型である．この F_1 が *AAbb* に戻し交配すると *AABb* が，F_1 が *aaBB* に戻し交配すると *AaBB* が，それぞれ 1/4 の確率で生じる．*AABB* は，F_1 どうしが交配してできた F_2 において 1/16 の確率で生まれる(図 6.6)．

雑種の適応度にはいくつかのパターンが想定できる(図 6.7)．まず，*A* と *B* がそれぞれ 1 つあると，*a* と *b* の有無にかかわらず異常になる場合には，F_1 で異常が生じるであろう(図 6.7 左上)．*b* が存在していれば *B* の作用が抑えられる場合(*b* が *B* に対して優性な場合)には，F_1 が *aaBB* に戻し交配した場合に初めて 1/4 の確率で異常が生じる(図 6.7 左下)．*a* が存在していれば *A* の作用が

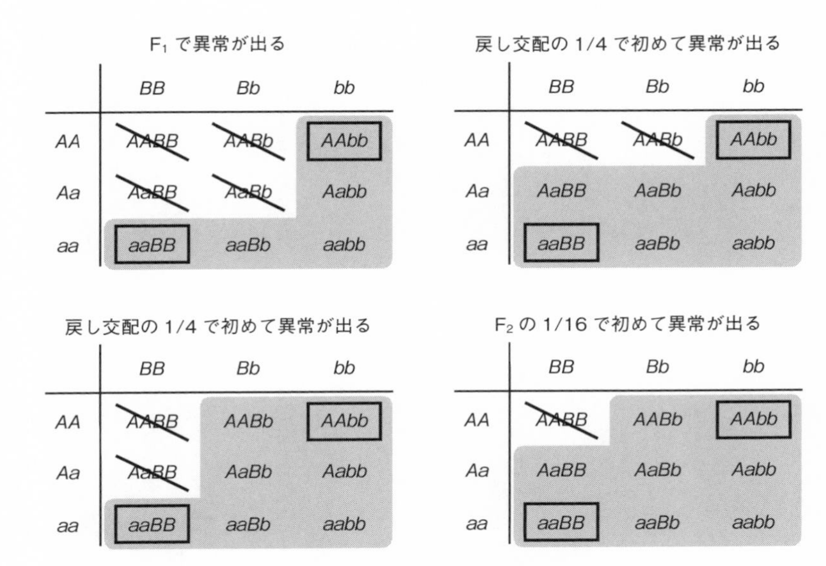

図 6.7　ドブジャンスキー・マラー不適合の分類．

抑えられる場合(a が A に対して優性な場合)には，F_1 が $AAbb$ に戻し交配した場合に初めて 1/4 の確率で異常が生じる(図 6.7 右上)．また，a か b のどちらか 1 つがあれば異常が生じない場合には，F_2 において初めて 1/16 の確率で異常が出るであろう(図 6.7 右下)．異常といっても，適応度がゼロではなく，部分的に減少している場合もあるであろう．そのような場合，遺伝型と適応度のグラフとして表示するとわかりやすいかもしれない(図 6.8)．また，より複雑なパターンも想定できる．例えば，a と b の両方があると正常な場合には，雑種で生じる 4 通りの遺伝型のうち，F_1 のみが正常でそれ以降の世代では異常が観察されるであろう．片方がヘテロの場合のみに異常が出るというパターンも想定できる．また，ここでは遺伝子座が常染色体に座乗している事例を学んだが，片方の遺伝子座が性染色体やミトコンドリアゲノムに座乗している場合などは，図 6.4〜6.7 をそれに応じて改変する必要がある．

どのような事例が多いのかについて知るためには，A/a や B/b の実体を知ることが必要である．以下に，ドブジャンスキー・マラー不適合に合致する実例をいくつか見ていこう．

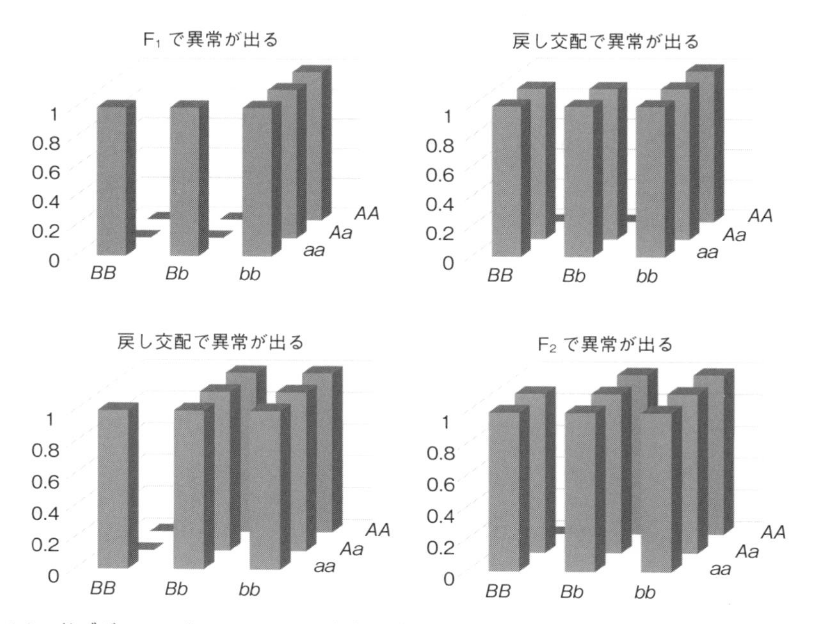

図 6.8　ドブジャンスキー・マラー不適合をグラフで示す．図 6.7 の結果をグラフで示した．Z 軸は適応度を示す．

6.4　ドブジャンスキー・マラー不適合によって生じる F_1 の異常

ショウジョウバエ属の *Drosophila melanogaster* メスと *Drosophila simulans* オスの F_1 オスは致死になる．F_1 メスは生存できるが不妊である．これらの種は XY 性染色体を持つので，異常の度合いはオスで大きいことからホールデイン則(BOX 6.2 参照)に従っている．遺伝子の同定に至った経緯は割愛するが，X 染色体上の *Hmr* 遺伝子と第 2 番染色体の *Lhr* 遺伝子の相互作用で異常が生じることが明らかになった(図 6.9)(Thomae *et al*. 2013; Castillo and Barbash 2017)．これらの遺伝子産物の HMR と LHR は複合体をつくってセントロメアに結合するが，これら遺伝子の発現量の和が適切であることが正常な染色体分配に重要である．これら 2 種では *Hmr* と *Lhr* の発現量が異なっており，*D. melanogaster* メスでは X 染色体上の *Hmr* の発現が，*D. simulans* オスでは第 2

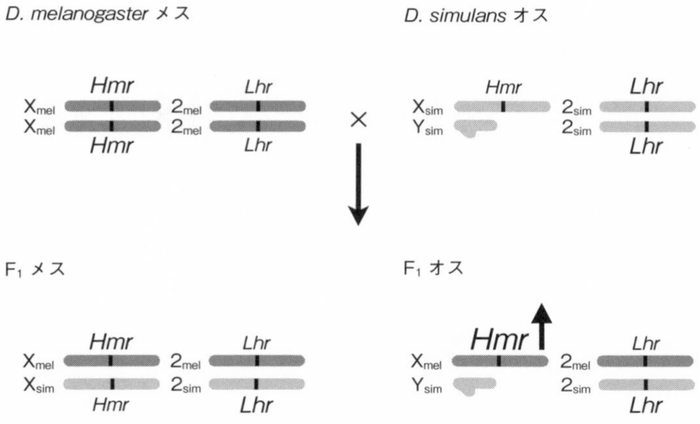

図 6.9　*Drosophila melanogaster* メスと *Drosophila simulans* オスの F_1 オスの異常．F_1 オスでは過剰量の HMR が産出されて致死になる．

番染色体の *Lhr* の発現が高い．さてこれらの雑種ではどうなるだろうか．雑種の F_1 メスでは *Hmr* の発現量の高い X 染色体 1 本と *Lhr* の発現量の高い第 2 番染色体を 1 本ずつ持つため，発現量の総和は純系種と変わらない．雑種の F_1 オスでは，*Hmr* の発現量の高い X 染色体 1 本と *Lhr* の発現量の高い第 2 番染色体を 1 本ずつ持つのだが，オスでは X 染色体に遺伝子量補償の機構が働くことで，*Hmr* の発現量がさらに 2 倍に増加する．ショウジョウバエでは，オスにおいて X 染色体の遺伝子発現量が 2 倍に増えるという遺伝子量補償機構が働く(9.2 参照)．それによって，オスでは，過剰量の HMR が産出されて染色体分配に異常が生じ，雑種致死になるというのである．オス個体における X 染色体の特殊な遺伝子制御が異常を生み出す例といえる．

次に，*D. simulans* と *Drosophila mauritiana* の F_1 雑種異常の例を挙げる．F_1 雑種オスは不妊，F_1 雑種メスは妊性を持つことから，これもホールデイン則(BOX 6.2 参照)に従っている．*D. mauritiana* の X 染色体上の *Odysseus-site homeobox*(*OdsH*)遺伝子が *D. simulans* に入るとオスが不妊になる(Ting *et al.* 1998)．*OdsH* 遺伝子の産物は DNA 結合領域を持つことから，両種の *OdsH* 遺伝子の産物が，同種と異種のどのような染色体に結合するかが調べられた(Bayes and Malik 2009)．*D. simulans* の *OdsH* 産物(OdsHsim)は，同種の *D. simulans*

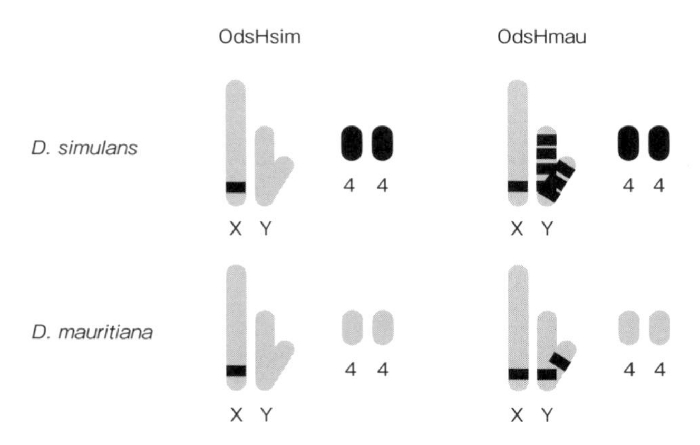

図 6.10　*Drosophila simulans* と *Drosophila mauritiana* の F_1 雑種異常．　OdsH と結合する DNA 領域を黒色で示す．*D. mauritiana* の *OdsH* 産物が *D. simulans* の Y 染色体のヘテロクロマチンに強く結合することが雑種異常の原因と推測されている．

の X 染色体の一部と第 4 番染色体に結合し，異種の ***D. mauritiana*** の X 染色体の一部に結合することがわかった(図 6.10)．一方，***D. mauritiana*** の ***OdsH*** 産物(OdsHmau)は，***D. mauritiana*** の X 染色体の一部と Y 染色体の一部に結合するが，異種の ***D. simulans*** では，X 染色体の一部と第 4 番染色体に加えて，Y 染色体の全体(Y 染色体のヘテロクロマチン)に強く結合した．***OdsH*** 産物は染色体の脱凝集に関与しており，***D. mauritiana*** の ***OdsH*** 産物が ***D. simulans*** の Y 染色体のヘテロクロマチンに強く結合することが雑種異常の原因と推測されている．Y 染色体のヘテロクロマチンが原因なので，オスのみで異常が出る．

6.5　戻し交配で生じる異常

サザンプラティフィッシュ(***Xiphophorus maculatus***)とソードテール(***Xiphophorus hellerii***)の F_1 雑種は正常であるが，ソードテールに戻し交配をすると約 1/4 の個体でメラノーマが生じる例が知られている(Meierjohann and Schartl 2006)(図 6.11)．これは，2 つの遺伝子座(***Tu*** と ***R***)の相互作用で生じることが知られている．メラノーマが生じるためには，***Tu*** を 1 つ持ち，***R*** が 1 つもな

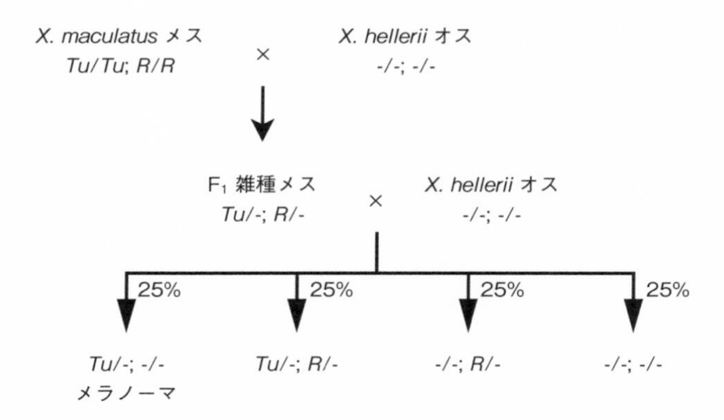

図 6.11　サザンプラティフィッシュ(*Xiphophorus maculatus*)とソードテール(*Xiphophorus helleri*)の雑種で生じるメラノーマ．　F_1 雑種は正常であるが，ソードテールに戻し交配をすると約 1/4 の個体でメラノーマが生じる．

い(***Tu*/-; -/-**)という組み合わせが必要となる．このため，F_1 雑種では異常は生じないが，戻し交配をするとメラノーマが生まれるのである．***Tu*** の原因遺伝子 ***Xmrk*** は，Epidermal growth factor receptor(EGFR)をコードする(Wittbrodt *et al*. 1989)．*R* の原因遺伝子は，ras-related protein Rab-3D(rab3d)をコードすると考えられている(Lu *et al*. 2020)．両者とも細胞増殖やガン化に関与することが知られている遺伝子である．また，***Xiphophorus birchmanni*** と ***Xiphophorus malinche*** の雑種でも，***X. malinche*** への戻し交配でメラノーマが生じる例が知られている(Powell *et al*. 2020)．この場合，片方の遺伝子は前者と同じ ***Xmrk*** であるが，もう一方の遺伝子は ***cd97*** 遺伝子であり，接着 G タンパク質共役受容体である．***cd97*** 遺伝子はガンの転移を促進することが知られている．

6.6　F_2 雑種で生じる異常

遺伝子が座乗する場所の違いによる F_2 異常の例が有名である(Muller 1942; Lynch and Force 2000)．種 1 と種 2 で，生存や繁殖に必須の遺伝子が別の染色体部位に座乗しているとしよう(図 6.12)．遺伝子重複後に片方が消失する場合，あるいは，カット・アンド・ペーストによる転位で移動する場合などで生

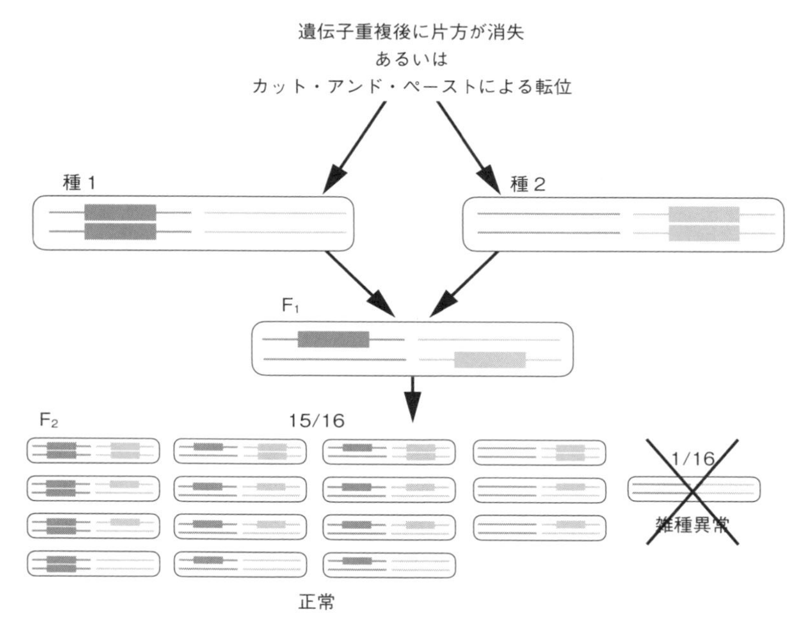

図 6.12　**遺伝子の転位による雑種異常．**　種1と種2で，生存や繁殖に必須の遺伝子の座乗している場所が異なる場合，F_2 雑種の 1/16 は必須遺伝子を持たないので異常を示す．

じる．いずれにせよ遺伝子の座乗する場所が変わると，F_1 雑種では，正常なコピーを2つずつ持つので，異常を示さない．しかし，図 6.12 に示した通り，1/16 の F_2 個体は正常なコピーを1つも持たないために生存や妊性に異常が出る．これに合致する例は，ショウジョウバエ，酵母，ミゾホオズキ属などで知られている(Masly *et al*. 2006; Scannell *et al*. 2006; Maclean and Greig 2011; Zuellig and Sweigart 2018)．また，イネでは，半数体の花粉での異常(花粉管の異常)として F_1 雑種の稔性の異常が出現する(Mizuta *et al*. 2010)．半数体の配偶子で異常が出る場合，1/4 で異常が出現すること期待される(図 6.13)．

6.7　ヘテロ接合体における適応度低下による F_1 雑種の異常

F_1 で生じる異常を理解する上で，ドブジャンスキー・マラー不適合のモデ

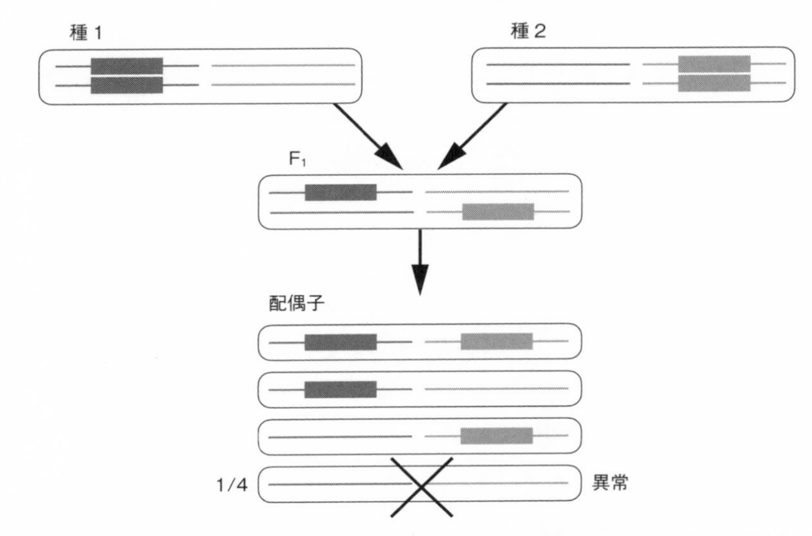

図 6.13　遺伝子の転位による配偶子異常． 種 1 と種 2 で配偶子の活性に必須の遺伝子の座乗している場所が異なる場合，F_1 雑種の配偶子の 1/4 は必須遺伝子を持たないので異常を示す．

ルは必須であろうか？　単純に，ヘテロ接合体の適応度が低い状態(underdominance)で説明できないだろうか．原理的には 1 遺伝子座でも underdominance は生じるが，よりありうる状況としては，**染色体の構造が異なることに由来する underdominance** が考えられるであろう．例えば，染色体構造が大きく異なる種間の F_1 雑種では，減数分裂の際に対合(synapsis)がうまく起こらず(**非対合：asynapsis**)，減数分裂が進行しない可能性がある(White 1973; King 1993)．また，無理に減数分裂が進行すると，染色体の一部を欠いたり過剰に持ったりした配偶子(**異数体：aneuploid**)が生じうる．また，酵母の研究によると，構造変異がなくても，**ゲノム全体の DNA 配列の分化**があると，**anti-recombination** の機構が働き，減数分裂の際に組換えがうまく進行しない(Rogers *et al*. 2018)．この場合も，無理に減数分裂が進行すると，染色体の一部を欠いたり過剰に持ったりした異常な配偶子が形成される．anti-recombination に関与するミスマッチ修復遺伝子を人為的に破壊すると，むしろ雑種の減数分裂が進行することが酵母で示されており，このメカニズムを支持するデータとなっている(Bozdag *et al*. 2021)．

underdominance による種分化のモデルがこれまであまり支持されてこなかった理由の1つは，underdominant な変異がそもそも集団に広まりにくいことであろう．祖先種の遺伝型を *aa*，派生種の遺伝型を *AA* とすると，集団に *A* が出現した初期には，*A* の頻度が低いが故に *A* はほとんどがヘテロ接合で存在することになるが，*Aa* というヘテロ接合体の適応度が低いため *A* は淘汰で消えてしまうであろう．いったん *A* がある程度まで増えて初めて，*AA* のホモ接合体が出現し，*AA* は適応度が高いので集団に維持されるであろう．どのような条件で，*A* の頻度が増えるのであろうか？　underdominant な変異が広まる条件として，集団サイズの減少がある．集団サイズがとても小さい時には，遺伝的浮動の効果が高まることで(1.5 参照)，偶然 *A* の頻度が増える可能性があり，*A* がある一定頻度まで増えるとホモ接合体が容易に出現するだろう．また，自家受精する植物では，少数の *Aa* 個体の自家受精によって *AA* という適応度の高いホモ接合体が容易に出現する(Charlesworth 1992)．他家受精の場合は，*Aa* 個体の頻度が低いので，*Aa* どうしの交配確率は低い．このように，underdominant な変異が広まる条件は限定的であると考えられてきた．

しかし，突然変異が段階を経て進むというステップワイズ突然変異(stepwise mutation)を想定すればどうだろうか(図 6.14)(Nei *et al.* 1983)．祖先種を A_1A_1 とし，そこから中間種の A_2A_2 が生まれ，そこからさらに A_3A_3 という派生種が生まれると仮定し，この過程では適応度の低下はないとする．しかし，A_1 と A_3 の組み合わせは進化途上で試されたことがなく，A_1A_3 のヘテロ接合体は適応度が低下するとすれば，A_1A_1 と A_3A_3 は種分化したことになる．A_2A_2 を祖先種として，A_1A_1 を1つの派生種，A_3A_3 をもう1つの派生種と考えることもできる．染色体構造の変化も，いくつかの変化をステップワイズに繰り返しながら大きな変化が蓄積されていくと考えるとこのモデルに合致する．また，ゲノム全体の配列分化は，まさに，ステップワイズに塩基配列の違いが蓄積する過程である．例えば，5％程度の塩基配列の違いは減数分裂異常をもたらさないが，10％の塩基配列の違いは減数分裂異常をもたらすような場合もあるだろう．これはステップワイズ突然変異による underdominance の例といえる．このように，underdominance による雑種異常の進化は，ドブジャンスキー・マラー不適合に並んで考慮されるべきであろう．

本章で示した雑種異常の遺伝基盤の研究は，全てではないものの，多くが実

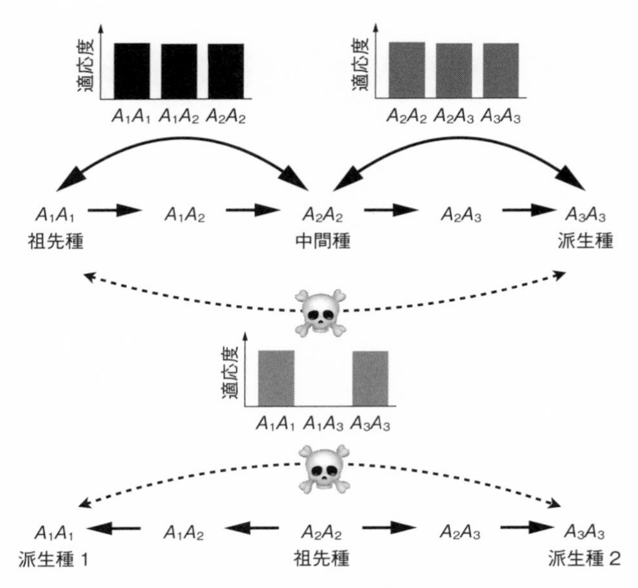

図 6.14　ステップワイズ突然変異．　一番近い遺伝型どうし(A_1A_1 と A_2A_2 あるいは A_2A_2 と A_3A_3)は異常を示さないが，離れた遺伝型どうし(A_1A_1 と A_3A_3)は異常を示すとするステップワイズ突然変異のモデルを示す．A_1A_1 が祖先型の場合(上)と A_2A_2 が祖先型の場合(下)を示す．

験モデル生物や栽培植物を対象になされたものである．野生生物での雑種異常も，実験モデル生物や栽培植物で示されてきたのと同じような遺伝機構によるのであろうか．今後，野生生物での雑種異常の遺伝研究をさらに進めることが必要であろう．

BOX 6.1：どこまでをドブジャンスキー・マラー不適合と呼ぶのか？

ベイトソンは，雑種不妊・不稔が生じるために2つ以上の因子が必要であることを提唱した最初の人物であるとされる(Orr 1996)．そこで，ドブジャンスキー・マラー不適合(DMI)を，ベイトソン・ドブジャンスキー・マラー不適合(BDMI)と呼ぶこともある．ベイトソンは，「それぞれが完全な稔性を持った2つの種が交配して不稔の子孫を作る場合，その不稔は2つの相補的な因子が出会うことによってのみ形成される何らかの物質が雑種に発生したためと推定される．(中略)さらに，それぞれの因子は別々の個体によって獲得されねばならない．なぜなら，両方の因子が同時に存在すると，仮説上は，その個体は不稔になるからである」と記述している(Bateson 1909)．雑種で新たに形成される物質を想定しているので，ドブジャンスキー・マラー不適合モデルにおける F_1 で異常が出るモデル(図6.7左上)に類似しているといえる．

その後，ドブジャンスキーは，F_1 雑種における異常を遺伝子座間の相互作用と捉えるモデルを「親種の一方の遺伝型を *SStt*，もう一方の親種を *ssTT* とすると，雑種は *SsTt* となる．*S* 因子のみ(あるいは複数の *S* 因子のみ)あるいは *T* 因子のみだと無限の妊性があるが，*S* と *T* の因子を同時に持つ個体は不妊・不稔になるような相互作用を仮定する」と提示した(Dobzhansky 1936)．

マラーは，よりモデルの詳細について議論している．F_1 雑種における異常にも言及し，さらに遺伝子の転位によって生じる F_2 の雑種異常について「遺伝子の位置がある種の移動をすることで，特定の遺伝子を持たないような雑種組換え体が生まれ，相補的な遺伝子と同じような効果が見られる．スターンによって発見されたX-Y間の交換のような重要な特殊事例を除いて，通常，影響を受ける個体は第2世代以降の組換え体のみである」と言及している(Muller 1942)．この立場に従うと，遺伝子の転位によって生じる F_2 の雑種異常，すなわち図6.7の右下を想定しているといえる．

このように，3 者ともに微妙に見解が異なることから，現在の研究者の間でもどこまでを(ベイトソン・)ドブジャンスキー・マラー不適合と呼ぶかに関して見解の違いを見ることがある．しかし，本章で学んだ通り，2 つの遺伝子座間の相互作用の全てを含有すると捉え(Gavrilets 2004)，雑種(F_1 に限らず戻し交配体や F_2 以降の雑種世代も含む)で生じる遺伝型の適応度のパターンの違いによって，図 6.7 や図 6.8 のように整理するのが実用上有効であると考える．

BOX 6.2：種分化の 2 つの法則

内因性雑種異常の知見を集積した結果，2 つの法則が見出されている(Coyne and Orr 1989b)．まずは，**ホールデイン則**(**Haldane's rule**)である．これは，異型配偶子を持つ性(heterogametic sex：XY のオスや ZW のメスなど)の方が，他方の性(XX のメスや ZZ のオス)よりも雑種異常を示しやすいという法則である．もともと J.B.S. ホールデインによって「2 種間の F_1 雑種において，片方の性が生まれなかったり，生まれる数が少なかったり，生まれてきても不妊だったりする場合，その性はヘテロの性である」という記述によって報告された(Haldane 1922)．もちろん例外はあるものの，ホールデイン則は多くの分類群で成立する法則である(Coyne and Orr 2004)．

雑種異常に見られる 2 つ目の法則は，**ラージ X 効果**(large X-effect：ZW の生物の場合は，ラージ Z 効果)である(Coyne and Orr 1989b)．これは，雑種不妊・不稔において，X 染色体(あるいは Z)が重要であるという法則である．雑種致死では必ずしも成立しない．ドブジャンスキーは，*Drosophila persimilis* と *Drosophila pseudoobscura* のショウジョウバエの雑種不妊の遺伝学的研究の中で，*D. persimilis* の X 染色体が *D. pseudoobscura* のゲノムに入ると精子形成が異常になることを示した(Dobzhansky 1936)．その後，広い分類群の雑種不妊・不稔において X 染色体(あるいは Z)が重要であることが観察されており，ジェリー・コインとアレン・

オールは1989年に，ホールデイン則とラージX効果を，**種分化の2つの法則**であると提唱した(Coyne and Orr 1989b)．しかし，本章で説明した通り，内因性雑種異常＝種分化ではないことから，これは，内因性雑種不妊・不稔の2つの法則と呼んだ方がより正確かもしれない．この2つの法則を説明する仮説は多数あり，興味のある読者はBOX 9を参照してほしい．

第７章

生態的種分化と種分化ゲノム

7.1　生態的種分化

第６章で説明したドブジャンスキー・マラー不適合のモデルでは，２種は地理的隔離などの外的要因でまず分断され，その後に，それぞれの集団が異なる突然変異を蓄積し，互いの間に内因性雑種異常が生じるというストーリーを暗に仮定していた(図 7.1 左)．実際，エルンスト・マイアは，地理的隔離が種分化の主要因であると考えた(Mayr 1963)．しかし，後述の通り，地理的隔離がほとんどなくても，種分化が少なくとも始動しうる(完成に至るかは別として)ことが近年は示されつつある(図 7.1 右)．このようなパラダイム転換に重要な役割を果たしたのが，**生態的種分化(ecological speciation)**という概念である(Schluter 2000; Nosil 2012)．生態的種分化とは，パトリック・ノジルの定義によると**環境間の生態的な分岐選択の結果として，集団間の遺伝子流動の障壁が進化する過程**である(Nosil 2012)．これは，どういうことだろうか．以下に詳しく説明しよう．

まず，生態的種分化の概念の発展に貢献したカナダのブリティッシュコロンビアのイトヨの話をしよう(図 7.2)．ブリティッシュコロンビアのいくつかの湖沼では，見た目の異なる２型のイトヨが１つの湖内に生息していることをドン・マクフェイルが発見した(McPhail 1994)．片方は，体のサイズが小さくスレンダーで沖合に生息していることから沖合型(limnetic form)と名付けられ，おもに浮遊性動物プランクトンを食する．もう１つは，体サイズが大きく，沿

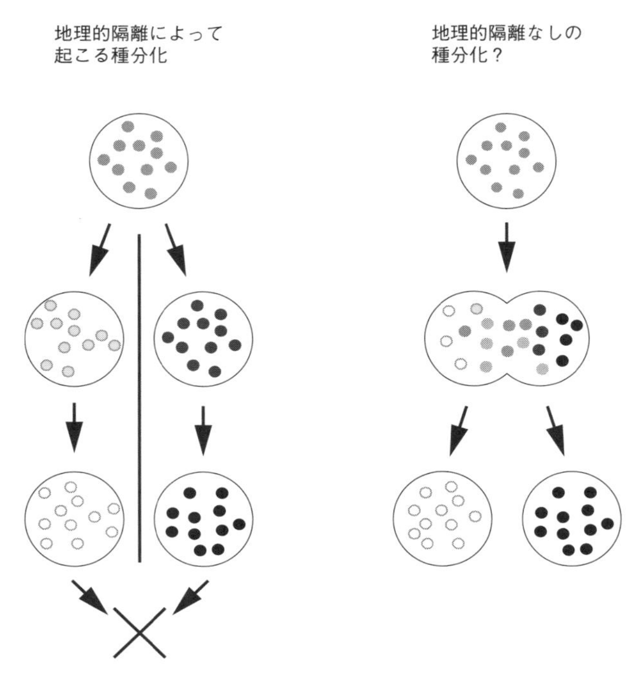

図 7.1　地理的隔離と種分化．　地理的隔離によって起こる種分化もあれば(異所的種分化；左)，明らかな地理的隔離なしに遺伝子流動を保持しながら進行する種分化(右)もある．

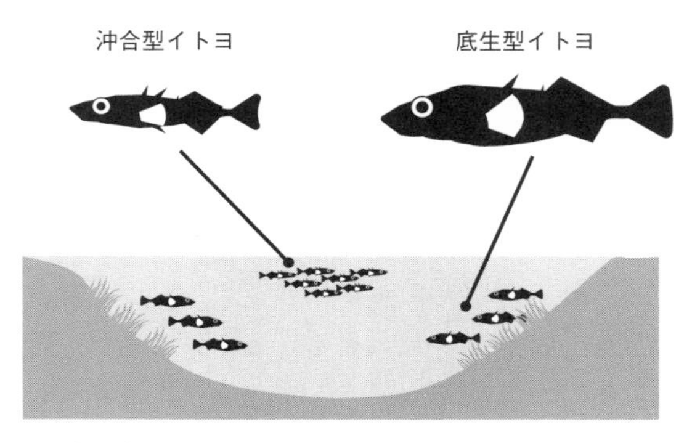

図 7.2　カナダのブリティッシュコロンビアの沖合型イトヨと底生型イトヨ．

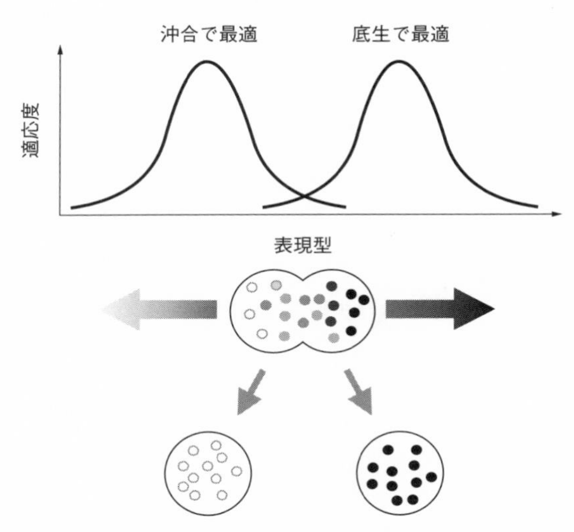

図 7.3　分岐選択．　沖合に適した表現型と底生に適した表現型が異なるため，表現型を分岐するような選択圧が働く．

岸や湖底に生息していることから底生型(benthic form)と名付けられ，おもに大型のベントス(底生生物)を食する．ドルフ・シュルーターは，この2型の分化に**分岐選択(divergent selection)**が働いていると考えた(Schluter 2000)．すなわち，湖の中に2つの適応頂点があるというのだ(図 7.3)．例えば，岸辺と沖合では，ベントスとプランクトンというように餌生物が異なるので，異なる表現型が有利となるであろう．例えば，体サイズが小さい方がプランクトン食に有利で，体サイズが大きいとプランクトン食に不利であるというように，体サイズが摂餌パフォーマンスに影響を与えることがシュルーターの摂餌実験によって示された(Schluter 1993)．すなわち，体サイズの違いは，それぞれの環境への適応進化の結果であることが示唆された．さらに彼は，湖に生簀を設置し，相互移植実験をすることで，沖合では沖合型が，沿岸では底生型が成長率が高いことを確認した(Schluter 1995)．つまり，純系種は本来の環境で適応度が高い一方，雑種はどちらの環境でも在来の種に劣ることから，**雑種が野外で最適な生態ニッチを見つけられない**ことが示された．これは，**外因性雑種不適合**の1つである(外因性雑種不適合に関しては，BOX 7.1 参照)．さらに，実験室での交配実験によって，イトヨの交配は雌雄の体サイズが近い場合に成功し

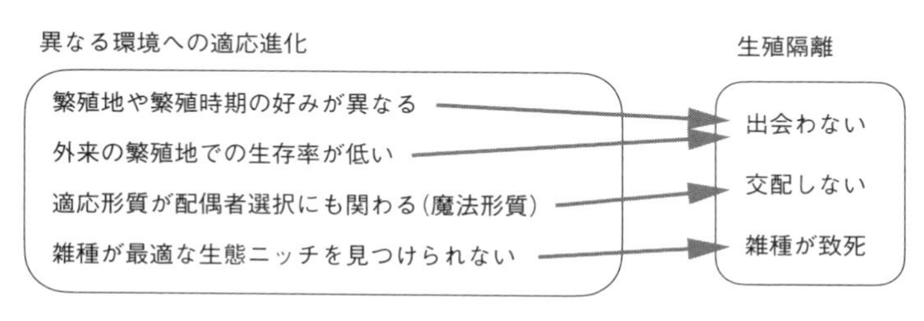

図 7.4　生態的種分化の例.

やすいことを示した(Nagel and Schluter 1998). すなわち，体サイズの大きな底生型は底生型と，体サイズの小さな沖合型は沖合型と交配する傾向があるのだ. このことは，**分岐選択の作用によって生じた表現型分化が，同時に，行動隔離という生殖隔離を生み出す**ことを示している. このように，生態的分化に連動して交配隔離を同時に生み出す形質を**魔法形質(magic trait)**という(Servedio *et al.* 2011). 異なる環境への適応進化が生殖隔離の進化を引き起こすことを生態的種分化という(図 7.4). 生態的種分化に合致する例は，イトヨ以外にも多数見つかってきたが，詳細は別の文献を参照してほしい(Nosil 2012).

7.2　隔離遺伝子座

先に見た通り，分岐選択は集団の適応的分化，さらに，それに連動して生殖隔離の進化を促進しうる. 例外はあるものの，分岐選択のみで完全な内因性雑種異常(F_1 が完全に不妊になるなど)を生み出すことは少なく，常にある一定程度の交雑が生じうる(Nosil *et al.* 2009). さらに環境改変などが起こると交雑が促進されうる(Seehausen *et al.* 2008). さきほどのイトヨの沖合型と底生型の例でも，常にある程度の雑種が見つかっているし，ザリガニ放流後の環境改変によって交雑が促進されて種が崩壊した湖も知られている(Taylor *et al.* 2006). このような環境変化によってもたらされる種の崩壊を**逆行種分化(speciation reversal)**と呼ぶ(Seehausen *et al.* 2008).

このように，一定程度の交雑が常に起こり，種間で遺伝子流動が保持されている場合，適応的分化に関わる遺伝子座ではどのような特徴が見られるであろうか．その特徴がわかっていれば，全ゲノム情報などから，分岐選択の対象となる候補遺伝子座，すなわち，生殖隔離に貢献する候補遺伝子座を探索できると期待できる．このような生殖隔離に貢献する遺伝子座を**隔離遺伝子座**（**barrier loci**）という．隔離遺伝子座では，それぞれの種で異なるアリルが有利となることからアリル頻度が分化し，隔離遺伝子座から十分に離れた中立遺伝子座では遺伝子流動率が高く維持されるためにアリル頻度の違いが小さいと予測できる（例外については BOX 7.2 参照）．

7.3 遺伝的分化の指標としての F_{ST}

ここで，アリル頻度の分化の指標としての F_{ST} を学ぶ．種分化を開始し始める前の状態では，自由交配していることから，着目する2つのアリルを A と a とすると，A と a の頻度はハーディー・ワインバーグの法則に従うと予測できる（図 7.5）．一方で，種分化の完成状態（生殖隔離が完全になり遺伝子流動がゼロの状態）では，アリルが別種間で完全に異なっておりそれぞれの種内で完全に固定していると仮定すると，A と a は同類交配の状態と捉えることができる．すなわち AA の個体は AA のみと交配し，aa の個体は aa のみと交配している．ここで，種分化前の自由交配の状態から種分化して同類交配の状態となるまでのそれぞれの段階について，AA と Aa と aa の頻度を比較することでさらに詳しく見ていこう（図 7.6）．

集団が自由交配している場合，A と a が $p:q$ の頻度で存在していると，ハーディー・ワインバーグの法則によって，

$$AA : Aa : aa = p^2 : 2pq : q^2$$

になると期待される．一方で，AA と aa が完全に同類交配している場合は，ヘテロ接合体が出現しないので

$$AA : Aa : aa = p : 0 : q$$

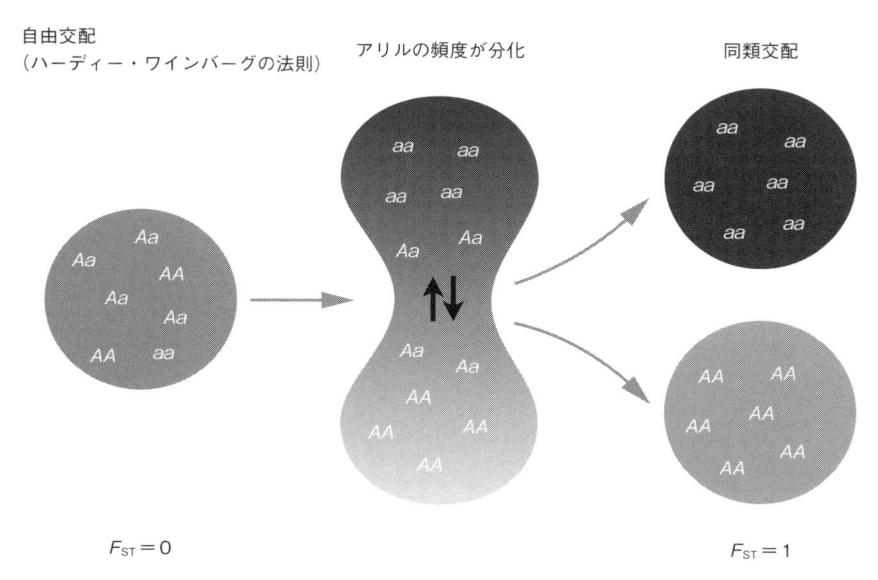

図 7.5　種分化の進行を自由交配の状態から，同類交配の状態への進行として捉える．自由交配の状態では $F_{ST}=0$，集団間で異なるアリルが固定している状態では $F_{ST}=1$ になる．

	AA	Aa	aa
自由交配 $1-F_{st}$	p^2	$2pq$	q^2
同類交配 F_{st}	p	0	q
部分的に同類交配している集団	$p^2+F_{ST}pq$	$2pq(1-F_{ST})$	$q^2+F_{ST}pq$

$$
\begin{aligned}
AA\text{ の頻度} &= (1-F_{ST})p^2+F_{ST}p \\
&= p^2-F_{ST}p^2+F_{ST}p \\
&= p^2+F_{ST}p(1-p) \\
&= p^2+F_{ST}pq
\end{aligned}
$$

図 7.6　種分化の途中段階を部分的に同類交配している集団として捉える．ここでは，F_{ST} を同類交配している割合として捉える．

になる．ここで，自由交配と同類交配の中間的な集団を仮定し，同類交配する割合を F_{ST}，自由交配する割合を $1-F_{ST}$ とすると，

$$AA : Aa : aa = p^2 + F_{ST}pq : 2pq(1-F_{ST}) : q^2 + F_{ST}pq$$

となる(計算は図 7.6 参照)．すなわち，F_{ST} は自由交配からどの程度ズレて交配しているかを表す指標と考えてもよい．さてここで，$2pq$ は，集団全体が自由交配するとして期待されるヘテロ接合度(H_T)であり，$2pq(1-F_{ST})$は，実際に観察されるヘテロ接合度(H_S)であることから，F_{ST} の値を H_T と H_S から以下の式で求めることができる．

$$F_{ST} = 1 - \frac{H_S}{H_T}$$

集団の分化がない時は，ヘテロ接合度の理論値と実測値が同じ($H_T = H_S$)となり $F_{ST}=0$ である．一方で，集団が完全に異なるアリルを固定している場合はヘテロ接合体が存在しない($H_S = 0$)ため，$F_{ST}=1$ になる．

F_{ST} は下記でも求めることができる．

$$F_{ST} = \frac{\mathrm{Var}(p_i)}{pq}$$

ここに，$\mathrm{Var}(p_i)$は，分集団における A のアリル頻度 p_i の分散であるが，この式の導出は BOX 7.3 を参照してほしい．F_{ST} は集団のアリル頻度の分化を表す指標であるが，それ以外にも，遺伝子配列の違いに着目して集団間の分化を定量する指標 D_{XY} や D_a などもある．こちらをより詳しく知りたい読者は別の文献を参照してほしい(Hahn 2019)．

7.4　分化のゲノム島と種分化連続体

7.3 で見たように，集団の遺伝的分化に重要な隔離遺伝子座では，集団間の F_{ST} が高くなると予測される．一方で，そのような隔離遺伝子座から離れた座位では，集団間の遺伝子流動によって，アリル頻度は集団間で類似したもの，すなわち F_{ST} が低くなるであろう．

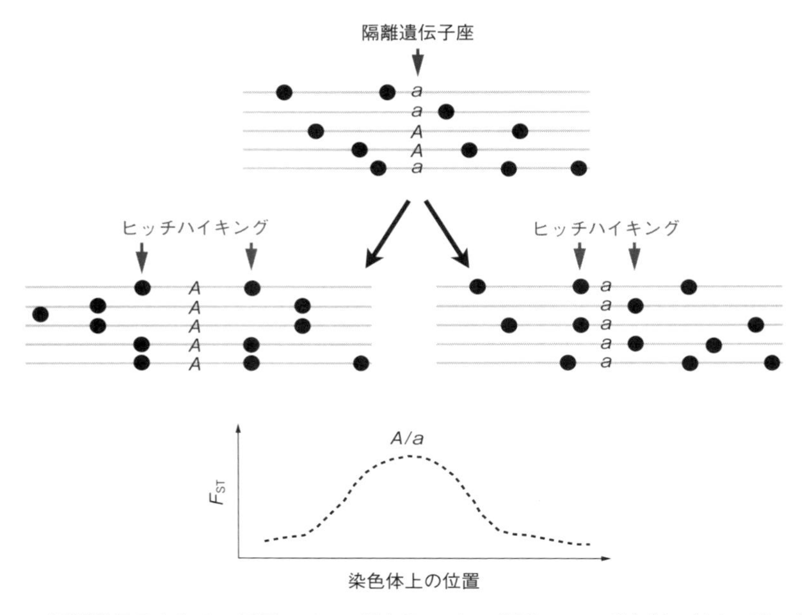

図 7.7　隔離遺伝子座とその周囲では F_{ST} が上昇．　ある集団では A が有利で（左），別の集団では a が有利である（右）と想定している．

重要なことに，遺伝子は染色体に座乗していることから，適応に重要な遺伝子座だけでなく，その近傍も連動して F_{ST} が高くなると予測される（図 7.7）．これは，4.1 で学んだヒッチハイキングを思い出すと理解できるであろう．ある集団ではアリル A が，別の集団ではアリル a が有利である場合，それぞれの集団で A と a がアリル頻度を増やす際に，A と a だけでなくそれぞれの近傍に偶然座乗していた中立なアリルの頻度もそれぞれの集団で増えるためである．

そこで，生態的種分化の全過程における F_{ST} の変化を全ゲノムレベルで予測してみよう（Feder *et al.* 2012）（図 7.8）．まず，それぞれの環境に有利な A と a のアリルを持つ遺伝子座とその周囲での F_{ST} が上昇するであろう．しばらくすると，別の遺伝子座に，それぞれの環境に有利な B と b のアリルが新たに生じると，この遺伝子座とその周囲での F_{ST} も上昇するであろう．しばらくすると，別の遺伝子座に，それぞれの環境に有利な C と c のアリルが生じ，この

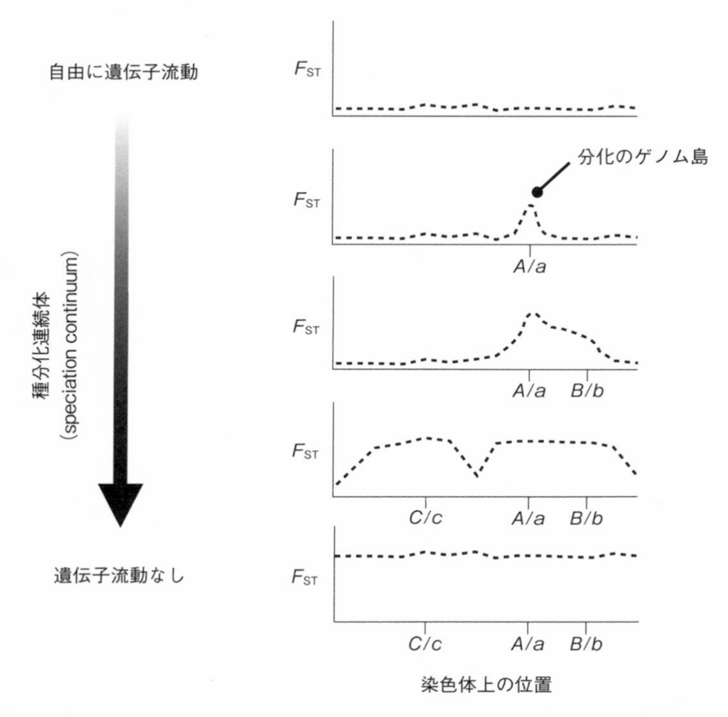

図 7.8　種分化連続体の模式図.　種分化が進行するにつれて，複数の隔離遺伝子座が進化し（A/a，B/b，C/c など），その周囲の F_{ST} が上昇する．

遺伝子座とその周囲での F_{ST} も上昇するであろう．これを繰り返すことで，全ゲノムレベルでの分化が進行する．あるところまで生殖隔離が強くなると，遺伝子交流はほぼゼロになって全ゲノムレベルでの分化が進行して種分化が完成すると予測される．このような生態的種分化の進行を**種分化連続体**（**speciation continuum**）と呼ぶ．種分化連続体は直感的にはわかりやすい概念だが，何を軸に進行段階を定量するかには様々な意見がある（Stankowski and Ravinet 2021）．

遺伝子流動を持ちながら進行する種分化は，実際にこのように進むのであろうか．遺伝子流動を持ちながら進行する種分化の初期段階におけるゲノム分化は，ナナフシ（Riesch *et al.* 2017），カラス（Poelstra *et al.* 2014），イトヨ（Marques *et al.* 2016）などの様々な分類群で調べられており，少数の限られた座位のみで

F_{ST} が上昇しており，予測と合致する．このような F_{ST} が上昇しているゲノム部位を，**分化のゲノム島(genomic islands of divergence)**と呼ぶ(図7.8)．分化のゲノム島には，生殖隔離に重要な遺伝子が座乗していると予測される．より進行した種分化における解析はあまり事例が多くないが，イトヨの例では，全体的に F_{ST} は高く一部が低い傾向が示されている(Ravinet *et al*. 2018)．しかし，種分化連続体の進行予測で示されたような順序で実際に種分化が進行し，実際に生殖隔離が完全になるまで進行する事例がどれほど多いのかについては未解決な問題である．実際の野外では，地殻変動などの地理的要因によって一時的に集団が隔離したり，逆に一時的に接触したりするなど複雑な地理的イベントを経て種分化が進行すると思われる．

7.5　組換え抑制と種分化

野外で生じる種分化には通常，複数の遺伝子座の分化が必要である．例えば，イトヨの例を考えても，体サイズの分化には複数の遺伝子座が関与しているし，環境適応には体サイズ以外の表現型(例えば摂餌器官など)の分化も必要である．メスの配偶者選好性とオスの装飾形質の双方が分化して種分化する場合には，配偶者選好性の遺伝子座とオスの装飾形質の遺伝子座の双方の分化が必要であろう．

遺伝子流動を保ちつつ集団が分化する場合，**組換え(recombination)**は，アリルの組み合わせを壊すために，種分化を抑制することが知られている(Felsenstein 1981)．例えば，A と B はある環境に有利で，a と b が別の環境に有利な場合を想定してみよう．集団の間に交雑がある場合，雑種で組換えが起こると，A と B，あるいは，a と b の組み合わせが崩れて，A と b，あるいは，a と B のアリルを持った配偶子が形成されてしまう(図7.9)．しかし，もし A/a と B/b の間に，逆位などの組換え抑制の仕組みがあると，有利な遺伝子の組み合わせを保持できる(図7.10)．このような有利なアリルの組み合わせに対しては，有利なアリルを1つだけ持っている場合に働くよりもトータルとして強い選択が働く(Yeaman and Whitlock 2011; Yeaman 2013)．したがって，組換え抑制は種分化に重要な役割を果たすかもしれない(Rieseberg 2001)．実際，

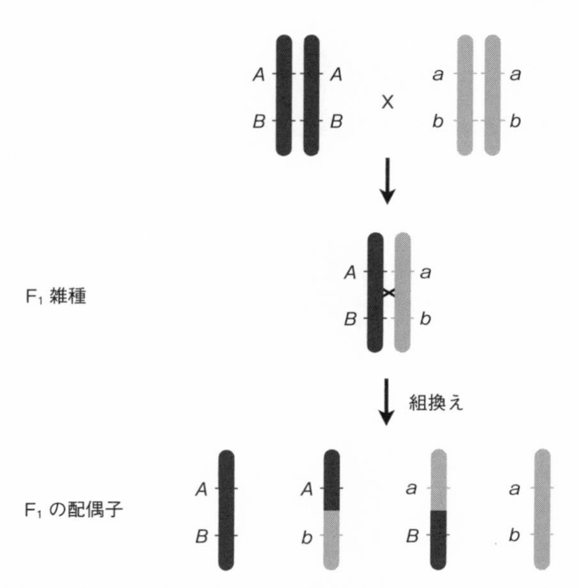

図 7.9　組換えは有利な遺伝子の組み合わせを破壊する．*A* と *B* はある集団で，***a*** と ***b*** は別の集団で有利であると仮定している．組換えが起こると，*A* と ***b*** を持ったハプロタイプや ***a*** と *B* を持ったハプロタイプなど，それぞれの環境で有利ではない組み合わせのハプロタイプが生じる．

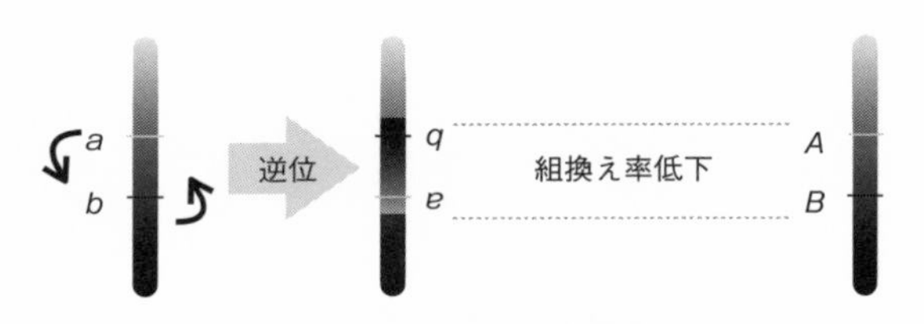

図 7.10　逆位は組換えを抑制する．

ショウジョウバエでは，生殖隔離に貢献する遺伝子が逆位の領域に集積していることが示されているし(Noor *et al.* 2001)，ミゾホオズキ属の植物でも複数の生活史形質が逆位の領域に集積していることが示されている(Lowry and Willis 2010)．

染色体の 1 か所に隔離遺伝子座が集中している場合，その座位での分化は促進されるものの，それ以外の遺伝子座での遺伝子流動は維持されるかもしれない．一方で，むしろ個々の遺伝子座の効果は弱くても，染色体上にまんべんなく隔離遺伝子座が座乗している方が，ゲノム全体の遺伝子流動の低下には効果的かもしれない．個々の隔離遺伝子座の進化には組換え抑制がありつつ，そういった組換え抑制によってできた隔離遺伝子座がゲノム全体に分布していることが種分化に重要なのかもしれない．組換え抑制と種分化の関係性は今後の重要な未解決課題といえる．

BOX 7.1：外因性雑種不適合

野外環境に依存して雑種の適応度が減少することを外因性雑種不適合という．まず，**雑種の表現型が親種の表現型の中間になって，適応度が低下する**事例がある(Schluter 2000)．例えば，本章で見たように，イトヨでは，体サイズが大きいと底生生物を食するのに適応的で，小さいとプランクトンを食するのに適応的であるが，中間的な体サイズの雑種はどちらも得意ではないという事例が考えられる．また，近年，雑種における**形質のミスマッチ(trait mismatch)による適応度の低下**も示されている(Arnegard *et al.* 2014; Chhina *et al.* 2022)．例えば，イトヨでは，底生生物を食するのには体サイズに加えて，エラの摂餌器官の分化も必要である．雑種では，体サイズは底生生物を食するのに適して大きいものの，エラの摂餌器官はプランクトン食に適しているというように，それぞれの形質は必ずしも親種の中間にならなくても，適切ではない組み合わせになることで，野外での適応度が低下しうるというのである．また，**実験室内で見られる雑種異常でも特定の環境で現れたり異常の程度が大きくなったりする**場合もあり，そのような場合には，内因性と外因性の線引きが難しくなる．例えば，シロイヌナズナの雑種の自己免疫応答による異常は高温条件で出やすいことが知られている(Bomblies *et al.* 2007)．

BOX 7.2：単一アリル種分化

本章では，2集団においてそれぞれ異なるアリルが有利となって種分化する事例を考察した．しかし，ジョー・フェルゼンシュタインは，これとは別に単一アリルによって種分化が起こる可能性も提示した(Felsenstein 1981)．これは単一アリルのモデルであり，単一遺伝子ではないことに注意してほしい．例えば，同じ場所に留まる（移動しない）という形質を生み出すアリルを考えてみる．このアリルは，地理的に離れた個体間での交配確率を低下させるので，種分化に対して促進的に働くであろう．また，自分と似た形質の個体を好むという配偶者選好性のアリルも種分化に対して促進的に働くであろう．このようなアリルが種分化を引き起こした場合，2つの集団がそれぞれ異なるアリルを持つわけではないので，隔離遺伝子近傍の F_{ST} は上昇しない．単一アリルで隔離を引き起こすような隔離遺伝子座を同定するための手法は未開発である．

BOX 7.3：F_{ST} を分散で記述する

メタ集団が i 個の分集団に分かれているとする．それぞれの分集団はメタ集団全体に対して c_i の割合を占め，それぞれの分集団における A と a のアリル頻度が p_i と q_i であるとすると，ここに

$$\sum c_i = 1$$
$$\sum c_i p_i = p$$
$$\sum c_i q_i = q$$

である．さて，それぞれの分集団でのヘテロ接合度は $2p_iq_i$ なので，観察されるヘテロ接合度 H_S は下記で表せる．

$$H_S = \sum c_i 2p_iq_i$$

$2p_iq_i = 1 - p_i^2 - q_i^2$ なので，

$$H_S = 1 - \sum c_i(p_i^2 + q_i^2) \qquad \text{（式 7.1）}$$

となる．さてここで，この式はひとまず置いておいて，p_i の分散 $\mathrm{Var}(p_i)$ を求めると，

$$\mathrm{Var}(p_i) = \sum c_i(p_i - p)^2 = \sum c_i p_i^2 - 2p\sum c_i p_i + p^2 \sum c_i$$

となる．ここに，$\sum c_i p_i = p$ と $\sum c_i = 1$ を代入すると，

$$\mathrm{Var}(p_i) = \sum c_i p_i^2 - p^2$$

となる．同様に

$$\mathrm{Var}(q_i) = \sum c_i q_i^2 - q^2$$

となる．これを式7.1に導入すると，

$$H_S = 1 - \mathrm{Var}(p_i) - p^2 - \mathrm{Var}(q_i) - q^2$$

となる．$H_T = 2pq$ なので，F_{ST} の分子は

$$H_T - H_S = 2pq - 1 + \mathrm{Var}(p_i) + p^2 + \mathrm{Var}(q_i) + q^2$$

となり，$p^2 + 2pq + q^2 = 1$ であることを利用すると，

$$H_T - H_S = \mathrm{Var}(p_i) + \mathrm{Var}(q_i)$$

となる．ここで，$\mathrm{Var}(aX + b) = a^2 \mathrm{Var}(X)$ となる分散の公式と $q_i = 1 - p_i$ であることを利用すると，$\mathrm{Var}(q_i) = \mathrm{Var}(1 - p_i) = \mathrm{Var}(p_i)$ であることから，

$$H_T - H_S = 2\mathrm{Var}(p_i)$$

となる．したがって，

$$F_{ST} = \frac{2\mathrm{Var}(p_i)}{2pq} = \frac{\mathrm{Var}(p_i)}{pq}$$

となる．

カラム：聖ロザリアへのオマージュ

組換えが種分化を抑制することを最初に示したのは，ジョー・フェルゼンシュタインといわれている．彼は「聖ロザリアへの懐疑，あるいは，なぜこんなに少数の動物種しかいないのか？」というタイトルの論文で，このことを理論的に示した(Felsenstein 1981)．この奇妙なタイトルは，その二十年前に発表されたジョージ・ハッチンソンの「聖ロザリアへのオマージュ，あるいは，なぜこんなに多数の動物種がいるのか？」というタイトルの論文に対するオマージュである(Hutchinson 1959)．ハッチンソンは，イタリアのシチリア島のペッレグリーノ山の池で，ミズムシを調査していたところ，2つの種が生息していることを見出した．そこで彼は「なぜこの池には2種がいて，20〜200の同属の種がいないのか」と疑問に感じ，そこから種の多様性に関する考察が始まるのである．このペッレグリーノ山には教会があり，パレルモの守護神とされる聖ロザリアの遺骨がある．そこで，聖ロザリアを進化の守護神として彼女への敬意を示したのである．

なお，聖ロザリアは，ペストが流行していた時に，ある男に自分の遺骨を持ってパレルモを行進すれば疫病が止むと告げ，その男がその通りにしたらペストが終息したという伝説がある．それ以降，パレルモの守護神になったという．新型コロナを体験した我々には心に響く話である．

第8章

性的二型の進化遺伝機構

8.1 性の進化

これまでの章では，雌雄の違いを基本的に無視してきた．本章では，雌雄の違いに目をむけて，雌雄で適応度が違う事例や雌雄が異なる遺伝型を持つ事例について考察する．

そもそも，性とは何であろうか．本書では，性とは**減数分裂と配偶子の融合によってゲノムを混合すること**と定義する(Bachtrog *et al.* 2014)．減数分裂がなくても遺伝子交換があれば性とする広義の解釈もあるが，ここでは使用しない．通常，減数分裂では，(1)自身の染色体を半分ずつ**分離(segregation)**して配偶子に分配するということに加えて，(2)相同染色体間で**組換え(recombination)**を行う．

では，なぜ性が進化するのであろうか．性には**2倍のコスト**があることが知られている(Maynard Smith 1978)．単為生殖の場合，1つの個体が2個の卵を作出すると，2個体が形成され，自身の遺伝子も2倍に増える(図8.1)．一方，有性生殖の場合には，1つの個体が2個の卵を作出しても染色体の片方は別の個体から得る必要があるため，単為生殖と同じ数の卵を作出しても自身の遺伝子を半分しか残せない．このような2倍のコストを超える性の利点は何であろうか．性の利点に関しては諸説提示されており，論争が絶えないテーマであるが，ここでは代表的な3つの説を取り上げる．

まず，**分離(segregation)自体が有利**であるという説である(Kirkpatrick and

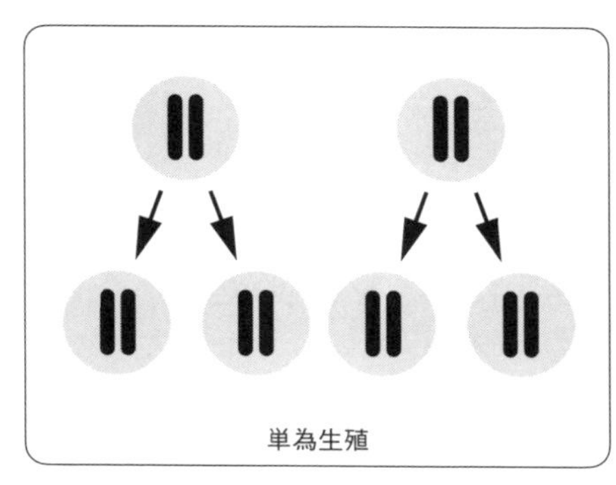

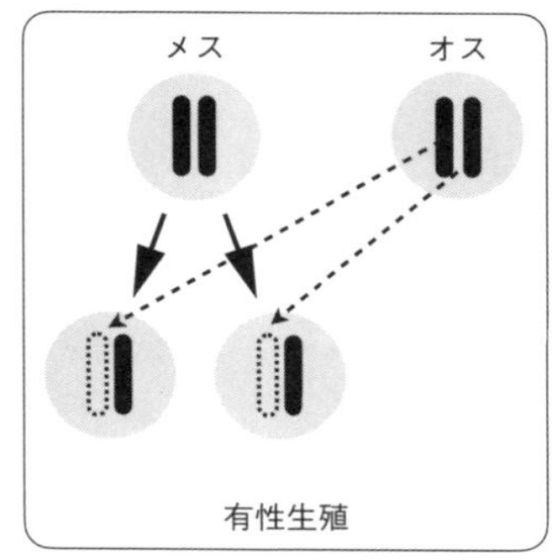

図 8.1　性の2倍のコスト．　有性生殖では同じ数の卵を作出しても，単為生殖と比べて遺伝子を半分しか残せない．

Jenkins 1989)．配偶子形成の際に，2つのアリルが分かれて別々の配偶子に入っていくことを分離の法則と呼び，メンデルの法則の1つである(メンデルの法則には，他に優劣の法則と独立の法則がある)．例えば，ある集団に相加的に有利な突然変異(アリルの数に比例して適応度が増すような変異)が生じたとする(図 8.2)．最初は，ある1個体の1本の染色体に出現するため，ヘテロの状態にある．単為生殖の生物の場合，まずヘテロ接合体が増えていって，いずれヘテロ接合体が集団内に固定すると予測される．その後，しばらくして，あるヘテロ接合体において，もう一方のアリルに同様の有利な変異が生じてホモ接合体が出現すると，ホモ接合体の方がヘテロ接合体よりも適応度が高いために，ホモ接合体が集団中に広がるであろう．一般に，突然変異率は非常に低いので，2回目の突然変異が入るまではある程度の長い世代を待たなければいけないと予測される．一方，有性生殖によって分離が存在する場合には，ヘテロ接合体どうしが交配することによって，容易にホモ接合体が出現することから，適応的な変異を持ったホモ接合体が広がる速度は単為生殖の場合より速いと期待できる．

二番目に，性の利点として，**組換えによる有害変異の除去**が考えられる(図 8.3)．もし，組換えがない単為生殖の場合，いったん生じた有害変異がもとに戻る変異率(back mutation rate)が低いことを考えると，有害変異は増える一方であり，それに加えて，有害変異の数が最も少ない染色体が遺伝的浮動で失われると，個体(あるいは染色体)の持つ最小の有害変異の数はむしろ増える．

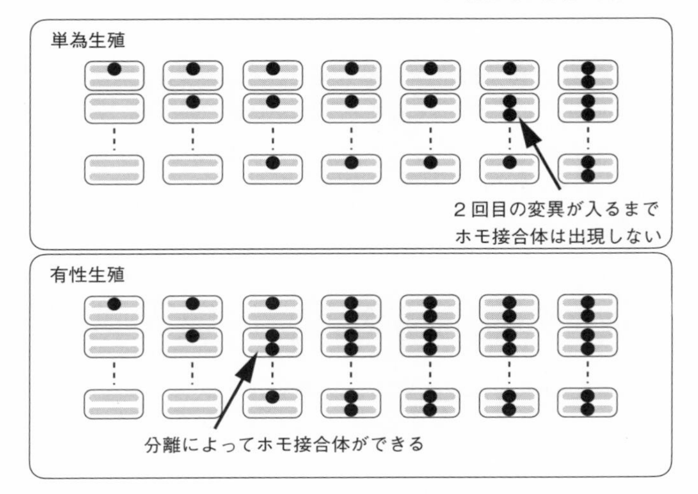

図 8.2 分離の有利さ． 単為生殖の場合には，有利な変異のホモ接合体が出現するために2回の変異が必要だが，性があれば分離によってホモ接合体が比較的容易に出現すると期待される．

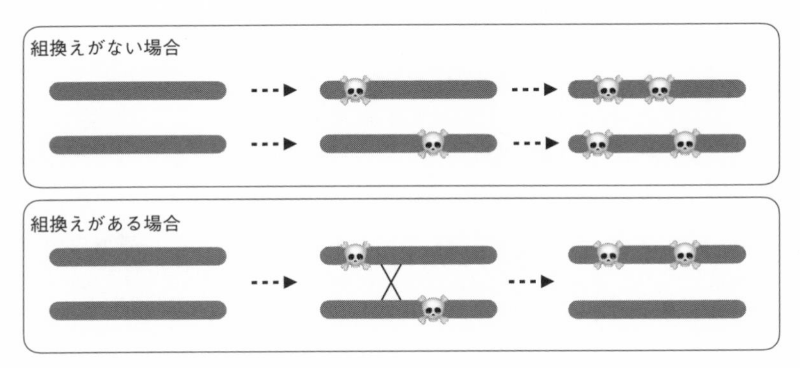

図 8.3 組換えによる有害変異の除去． 組換えがない場合，有害変異は(もとに戻る変異率が低いと仮定すると)溜まる一方であるが，組換えがあると有害変異の少ないハプロタイプが出現しうる．

これを，片方向にしか回転しないラチェットという道具を比喩として，**マラーのラチェット(Muller's ratchet)**という(Muller 1964)．一方で，組換えがある場合には，有害変異の数が少ない個体を組換えによって生み出すことができる

(図 8.3). したがって，組換えは有害変異の除去に貢献できる. しかし，この利点が性の 2 倍のコストを超えるためには，有害変異の数と適応度の関係が特定の条件にあることが必要である. すなわち，有害変異の数がある程度まで増えるとその効果が相乗的に働いて急激に適応度が低下するというような条件では，性が進化するとされる. このような有害変異蓄積と適応度低下のパターンを，**コンドラショフの斧**(**Kondrashov's hatchet**)という(Kondrashov 1988).

3 つ目の仮説は，**赤の女王仮説**(**Red Queen hypothesis**)である. 性の機能とは，そもそも，新しい遺伝的組み合わせを常に生み出すことである. 病原体と**軍拡競争**(**arms race**)している時などは，最適な遺伝型が常に変化する. そのような場合に性が有利になるという説がある(Hamilton 1980; Hamilton *et al.* 1990). **有利な遺伝型が常に変化すること**を，ルイス・キャロルの『鏡の国のアリス』の中の赤の女王のせりふにならってリー・ヴァン・ヴェーレンは赤の女王仮説と呼んだ(BOX 8 参照)(Van Valen 1973).

8.2　異型配偶子の進化

いったん性が進化したとして，なぜ，オスとメスが進化することが多いのであろうか. オスとは，運動性の高い小さな配偶子を多数生産する個体である. メスとは，栄養豊富な大きな配偶子を少数だけ生産する個体である. このように，配偶子の大きさが異なることを**異型配偶子**(**anisogamy**)という. 異型配偶子の進化について考える際，1 個体が生産する配偶子全体の質量(M)が一定で，次の式が成立すると仮定することが多い(Maynard Smith 1978)(図 8.4).

$$M = nm$$

ここに，n は個体が生産する配偶子の数，m は 1 つの配偶子の質量すなわちサイズである.

すると，n と m の間にトレードオフ(一方を増やそうとすると，もう一方は減るというように両立することができない状態)があることがよくわかる. 配偶子の数(n)が増えると配偶子のサイズ(m)は小さくなる一方，配偶子のサイズ(m)が大きくなると生産できる配偶子の数(n)が減ってしまうだろう. 配偶

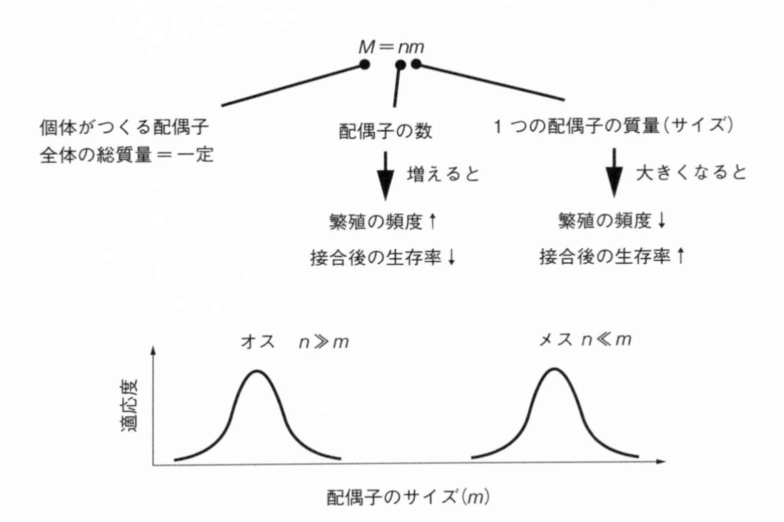

図 8.4　配偶子の数と質量(サイズ)のトレードオフ． 個体がつくる配偶子全体の総質量を一定とすると，配偶子の数を増やすと配偶子のサイズは小さくなり，配偶子のサイズを大きくすると数が減るというトレードオフが存在する．このような場合，小さな配偶子を多数つくる戦略と大きな配偶子を少数つくるという異型配偶子の戦略が進化するとされる(下図：分断化選択)．

子の数(n)が増えると単純に適応度が高まるように思える．しかし一方で，配偶子のサイズ(m)が大きいと，接合後の初期成長率がよくなったりして生存率が増して適応度が高くなることが期待できる．特に，多細胞生物など，最終成長段階の個体の体サイズが大きな生物では，サイズの成長が個体の適応度により重要となるため，配偶子のサイズが生存率に対してより大きな効果をもたらすと予測されている．

詳細は割愛するが理論研究の結果，**分断化選択(disruptive selection)**が働いて，2つの戦略，すなわち，小さく運動性の高い配偶子を生産する戦略($n \gg m$)と大きく栄養がある配偶子を少数だけ生産する戦略($n \ll m$)が有利になることが示されている(Parker *et al*. 1972; Parker 1979)．中間的な配偶子を産出しても，運動性も栄養分も中途半端でどっちつかずな配偶子となって，適応度が上がらない(図 8.4 下)．一般に，最終成長段階の個体の体サイズが大きな多細胞生物では異型配偶子が多く，そもそもの個体サイズの小さな単細胞生物では同型配偶子が多いことはこの仮説に合致している．

8.3　雌雄間での異類交配の進化

雌雄を分ける分断化選択(図8.4下)は，第7章の生態的種分化における分岐選択(図7.3)と似ている．しかし，生態的種分化の際には，沖合型イトヨは沖合型イトヨと，底生型イトヨは底生型イトヨと交配するというように，同類交配が進化して種分化が促進されるのであったが，雌雄の場合には，オスはメスと，メスはオスと交配するというように**異類交配(disassortative mating)**が起こるので，種分化には至らない．

異類交配が進化する理由は何であろうか．オスの配偶子はオスの配偶子と接合しても接合子の栄養が足りず生存率が低くなるため，オスの配偶子にとって栄養豊富なメスの配偶子と接合することは有利であろう．メスの配偶子にとってはどうであろうか．一見，メスの配偶子どうし接合することは利点があるように見える．しかし，オスの配偶子が圧倒的多数の状態で，圧倒的少数で移動性の低いメスの配偶子に出会う確率はとても低いだろう．したがって，メスの配偶子どうしでしか接合しないと仮定すると，相手の配偶子に出会えないリスクが生じる．もし，メスの配偶子どうしが積極的にお互いを探し出すとすると，探し出すためには運動性を高めることが必要になり，トレードオフによって配偶子のサイズが小さくなってメスの配偶子であることの利点が減ってしまうだろう．メスの配偶子が，雌雄に関係なくランダムに接合する場合には，メスの配偶子には雌雄の配偶子の双方と接合できる仕組みを維持するためのコストが必要になる．したがって，メスの配偶子にとってオスの配偶子と接合することが有利になると考えられている(Parker 1979)．

8.4　性 的 葛 藤

雌雄は異なるサイズの配偶子を産生することから，雌雄で異なる表現型が有利になると予測される．まず，それぞれの配偶子を産生したり放出したりするために適した内生殖器や外生殖器が異なると予測できる(Darwin 1888)．加えて，オスは配偶子の生産にかかるコストが少ないことから交尾回数を増やした方が適応度が上がる．一方メスは配偶子の生産にコストがかかるため交尾回数は適応度とあまり比例しないというように**雌雄で異なる繁殖戦略が有利**になる(Trivers 1972; Parker 1979)．このことを示した研究として，ベイトマンのショウジョウバエの古典的研究が有名である(Bateman 1948)．雌雄3尾ずつ，あるいは，雌雄5尾ずつのハエを自由に交配させたところ，オスの繁殖成功率は交尾回数が増えるにつれて上昇したものの，メスの繁殖成功率は交尾回数が増えてもあまり増えないことがわかった．また，オスの繁殖成功率の方がメスより分散が大きいことがわかった．すなわち，繁殖に成功したオスは複数のメスと交尾できたが，全く繁殖できないオスも多く出現するということだ．一方で，メスはほとんどの個体が繁殖できた．このように，メスに比してオスの繁殖成功率の個体差が大きいことを**ベイトマンの原理(Bateman's principle)**という．

このことから一般に，オスでは，繁殖回数を増やすためにオス間で闘争したり，メスを惹きつけるために装飾形質を発達させる(showy になる)とされる．一方で，メスは配偶子の生産にコストがかかるため，繁殖回数の限られるメスの配偶者選好性は増す(choosy になる)と考えられている．全ての生物でここまで単純化できるわけではないが，重要なことは，**雌雄で最適な表現型が異なる**ということである．このように，オスとメスで最適な表現型が異なることを，**性的葛藤(sexual conflict)**あるいは**性的拮抗(sexual antagonism)**という．

性的葛藤形質の例として有名なのは，グッピーの色彩であろう．オスの派手な装飾は繁殖成功率を高めることが知られている(Houde 1987)．同時に，派手な装飾は捕食者の目を惹きつけることから捕食率を高める(Endler 1980; Godin and McDonough 2003)．オスでは，派手な装飾は，生存率を低下させたとしてもそれを上回るだけの繁殖成功率を高める効果があるために，全体的な適応度を高める．一方で，メスにとって，派手な装飾は繁殖に無関係であるため，派手な装飾がない方が全体的な適応度としては有利である．

性的葛藤を単純な模式図で表すと，図8.5のようになる．雌雄で選択勾配の傾きが逆向き(βの正負が反対)なら，性的葛藤形質であるといえる(選択勾配については第3章参照)．グッピーの例でいうと，生存率だけを見ると一見性的葛藤がないように見られるが，交配成功率も考慮に入れた全適応度で見ると

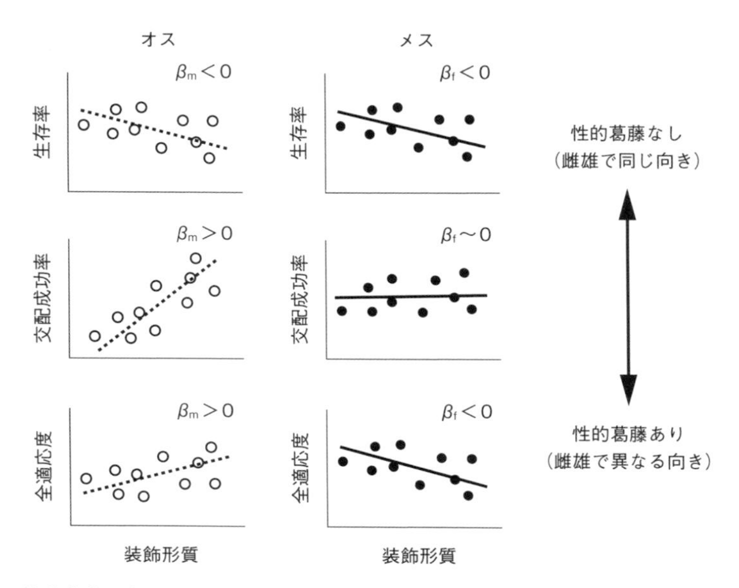

図 8.5　性的葛藤の例．　この例では，装飾形質が大きくなるほど，生存率は低くなるのは雌雄で同じであるが，オスでは装飾形質が大きくなるほど交配成功率が高くなるため（メスでは高くならない），生存率と交配成功率をかけ合わせた全適応度で見ると，性的葛藤が存在している．

性的葛藤がある（図 8.5）．このような性的葛藤形質は自然界で普遍的なのであろうか．オスとメスで別々に適応地形が調べられて，オスとメスで別々に選択勾配（β）が計測された研究例を集めたメタ解析がある．その結果，多くの形質で性的葛藤が確認された（Cox and Calsbeek 2009）．特に，性選択に関与する形質ではそれが顕著であることが示されている．

8.5　性的二型の進化

さて，ここでいよいよ性的二型の進化の遺伝基盤に移ろう．オスに有利でメスに不利なアリル A_1（例えば，色彩を派手にするアリル）と，オスに不利でメスに有利なアリル A_2（色彩を地味にするアリル）がどのように集団中に広がるかを考えよう（図 8.6）．雌雄で適応度が異なるので，雌雄で別々の相対適応度

	A_1A_1	A_1A_2	A_2A_2
オスでの適応度：	1	$1-0.5s_m$	$1-s_m$
メスでの適応度：	$1-s_f$	$1-0.5s_f$	1

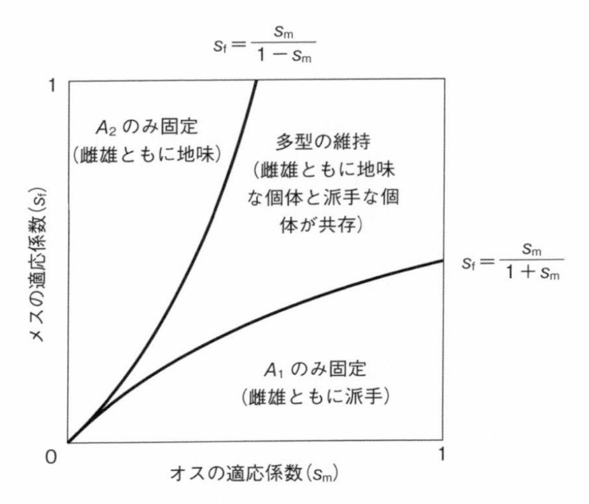

図 8.6　性的葛藤を示すアリルが集団で維持される条件．　この例では，A_1 はオスの適応度を上昇させ，A_2 はメスの適応度を上昇させることを仮定している．オスでの有利さとメスでの有利さが同じくらいの場合に，A_1 と A_2 の双方が集団に維持される．

を設定する必要がある．例えば，

$$\text{オスにおける適応度を，}A_1A_1 : A_1A_2 : A_2A_2 = 1 : 1-h_ms_m : 1-s_m$$
$$\text{メスにおける適応度を，}A_1A_1 : A_1A_2 : A_2A_2 = 1-s_f : 1-h_fs_f : 1$$

としよう．このように，雌雄で有利な方向が異なる遺伝子座を，**座位内性的葛藤(intralocus sexual conflict)**にあるという．

$h_m=h_f=0.5$ の時(2つのアリルに優劣がなく，アリルの数に応じて相加的に適応度が決まる条件)，A と B の双方のアリルが多型で維持されるのは，図 8.6 の通り，s_m と s_f の関係が，$s_f=s_m/(1+s_m)$ と $s_f=s_m/(1-s_m)$ の間の領域にある時に限られることが理論的に示されている(Kidwell *et al.* 1977)．オスの適応度への効果の方がメスの適応度への効果より強い場合，すなわち s_m が s_f に比してかなり大きい場合には，オスに有利なアリルのみが固定して，オスもメスも派手になる．一方で，s_f が s_m に比してかなり大きい場合には，メスに有利なアリルのみが固定して，オスもメスも地味になる．s_m と s_f がこの間にある場合にのみ，双方のアリルは維持される(Otto *et al.* 2011)．しかし，派手なオスとメスに加えて地味なオスとメスが毎世代生まれることとなり，このままでは特に性的二型は進化しない．

このような座位内性的葛藤が解消されて性的二型が進化する遺伝機構には大きく2つあり，1つ目は，**性特異的な遺伝子発現を可能にする発現調節変異**である(図8.7)．例えば，オスに有利なアリル A_1 に，シス変異であれトランス変異であれ何らかの発現調節変異が入ることで，オスでは発現しメスでは発現しなくなったとする．脊椎動物であれば性ステロイドによる遺伝子発現経路の突然変異，昆虫であれば *doublesex* の下流の突然変異などが想定できる．そのような突然変異の入ったアリル A_1 は，オスでは遺伝子が発現することから有利であるものの($s_m > 0$)，メスでは遺伝子が発現せず中立($s_f \approx 0$)になるため，さきほどの図8.6でいうと，s_m と s_f の値が下の空間にあることになり，A_1 が固定する．今回は，A_1 の発現はメスでは抑制されているため，全てのオスは派

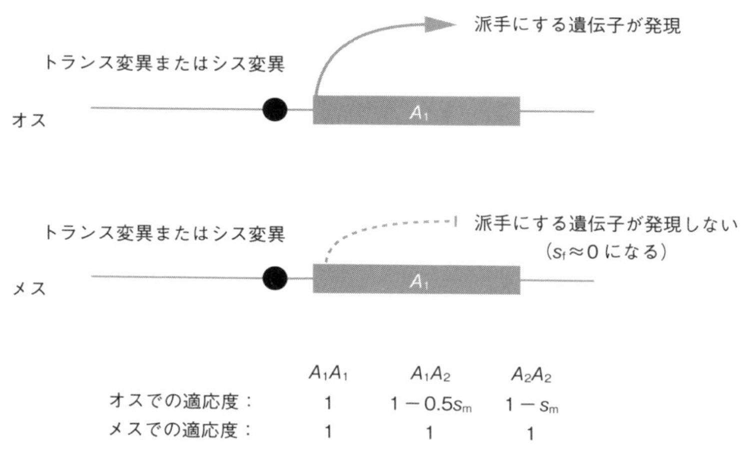

図8.7　発現調節変異による座位内性的葛藤の解消．　オスのみで遺伝子が発現し，メスでは発現しないという発現調節変異が生じると，メスでは中立になるので($s_f \approx 0$)，A_1 のみが集団に広がる．図8.6の $s_f \approx 0$ で，$s_m > 0$ のところを参照してほしい．A_1 が集団に固定すると全てのオスは派手になるが，発現調節変異があるためメスは派手にならないという性的二型が出現する．

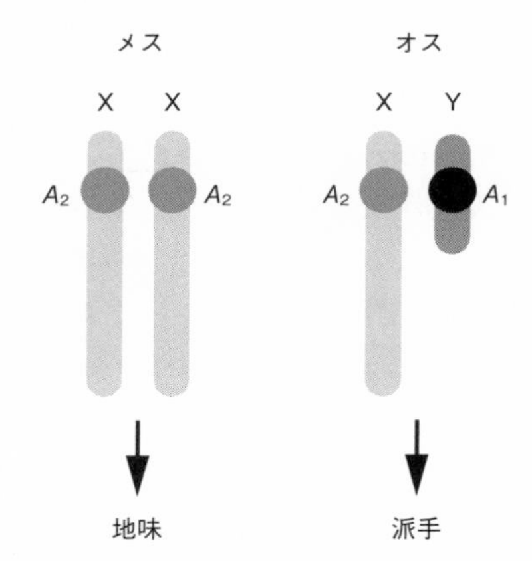

図 8.8　性連鎖による座位内性的葛藤の解消． オスに有利でメスに不利なアリル A_1 が Y 染色体に座乗していると，オスのみが A_1 を保持しメスは持たないため座位内性的葛藤が解消されて，A_1 を持つ Y が集団に広まって性的二型が進化する．メスに有利でオスに不利なアリル A_2 が X 染色体に座乗していると，メスの方が有利なアリルを数多く持つことになる．数が多いほどメスに有利になる場合にはそのような A_2 が座乗している X 染色体も集団に固定しやすいだろう．そのような場合にも，雌雄で A_2 の数が異なるため，性的二型が進化する．

手になり全てのメスは地味になる．このようにして座位内遺伝子葛藤が解消されて性的二型が進化する．

座位内性的葛藤が解消される 2 つ目の方法は，**性染色体との連鎖**である（図 8.8）．性染色体については第 9 章で後述するが，ここでは，XY 性染色体のシステムを考える．直感的にわかりやすい事例として，オスに有利なアリル A_1 が Y 染色体に連鎖し，メスに有利なアリル A_2 が X 染色体に連鎖する場合を考える．この場合，メスは不利なアリル A_1 を持つことがなく，オスは常にオスに有利なアリル A_1 を 1 つは持つことになり，雌雄それぞれの性で，自身の性に有利なアリルを多く持つこととなる（Rice 1984）．A_1 はオスで有利なため，A_1 を持った Y 染色体は集団内に広がるであろう．そうすると，オスだけで，その表現型が現れて性的二型が進化するであろう．実際，先の例に挙げたグッピーの色彩は Y 連鎖しているアリルが多いことが知られているし（Lindholm and Breden 2002），ヒトの Y 染色体上にも精子形成などに重要な遺伝子（精子形成の遺伝子がメスにおいて発現すると不利になるであろう）が座乗していることが知られている（Lahn *et al*. 2001）．

後述する通り，ある種の生物ではY染色体の一部が退縮して遺伝子を失っている．そのようなX染色体の領域は，オスでは1本しかない．このような状態のことを，**ヘミ接合(hemizygous)**という．オスでヘミ接合になるようなX染色体の上に，劣性の変異が入ると，オスでは表現型に現れてメスでは表現型に現れないことがある．例えば，X染色体上に原因変異があるヒトの遺伝疾患の場合，男性が変異アリルを持つと症状を示すが，女性ではもう一方のX染色体が変異を持たない場合には症状を示さない(伴性劣性遺伝)．そこで，オスに有利だが劣性なアリル(別のアリルがあると効果がマスクされて表現型を示さない)がXのヘミ接合領域に座乗している場合にも，集団内でのアリル頻度が低い段階では，メスではもう一方のアリルが効果をマスクして表現型への効果が現れない(メスで不利にならない)．しかし，オスではヘミ接合となって効果をマスクするもう一方のアリルがないために表現型に現れてオスに有利な表現型になる．したがって，X染色体上に座乗しているオスに劣性で有利な性的葛藤アリルが増えやすいことが予測されている(Charlesworth *et al.* 1987)．このように，性染色体上に座乗するアリルの挙動は，常染色体に比してとても複雑である．

カラム：赤の女王仮説

リー・ヴァン・ヴェーレンは，化石の解析を通して絶滅率一定の法則を提唱した．ある分類群が絶滅する確率は，その分類群が過去にどれだけ長く存続してきたかと無関係であるという説である．すなわち，長く存在した分類群は適者生存してきたわけだから絶滅しにくいというわけではないということを主張した．なぜなら，敵(捕食者や病原体など)は常に変化しており，安定した最適解はないからである．そこで，ヴァン・ヴェーレンは，ルイス・キャロルの『鏡の国のアリス』に出てくる赤の女王のせりふ「ここでは，同じ場所にとどまるには，走り続けるしかないのよ」にならって，この仮説を「赤の女王仮説」と名付けた(Van Valen 1973)．

第 9 章

性染色体進化の遺伝機構

9.1 多様な性決定メカニズム

どのようなメカニズムで性が決まるのであろうか？　まずは，代表的な 2つの性決定メカニズムを概説する．

まず，環境によって性が決まる**環境性決定（environmental sex determination: ESD）**がある．例えば，胚発生期の温度によって性が決まる生物があり，このような性決定機構を温度性決定と呼ぶ．温度性決定の中にも様々な様式のものがあり，高温でメスになる生物，高温でオスになる生物，極端な温度の時にメスになる生物，極端な温度の時にオスになる生物など様々である（図 9.1）（Valenzuela and Lance 2005）．社会的地位に応じて性が決まる生物もいる（Godwin 2009）．環境性決定が有利になる条件として「（オスあるいはメスとしての）個体の適応度が環境条件に強く影響されるとともに，経験する環境を個体がほとんど制御できない場合」（Charnov and Bull 1977）が提唱されている．この条件に合致する例が，トウゴロウイワシ目に属する魚で知られている．この魚は，高温刺激によってオスが生まれるため，比較的水温が低い春先に生まれた個体はメスになり，水温が上昇した夏に生まれる個体はオスになる（Conover and Kynard 1981）．メスの方が，次の繁殖期までの成長期間が長いので，次の繁殖期における体サイズは，オスよりもメスの方が大きくなる．オスよりもメスの方が体サイズの増加と繁殖成功率により強い相関があるとすると（実際，大きなメスは多数の卵をつくれるので繁殖成功率が高い），温度性決定は

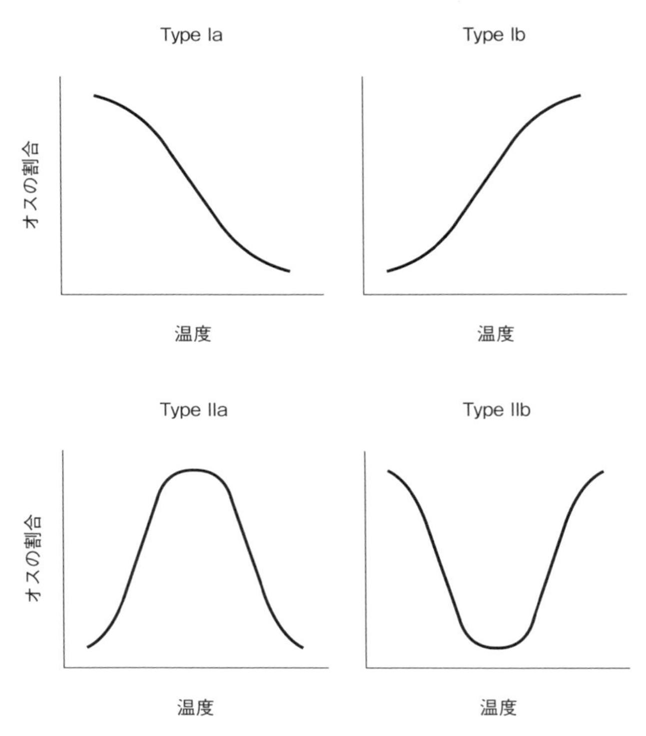

図 9.1　温度性決定の様式.　胚発生期の高温刺激がメス化を誘導する場合(Type Ia), オス化を誘導する場合(Type Ib), 極端な温度がメス化を誘導する場合(Type IIa), オス化を誘導する場合(Type IIb)などがある.

このトウゴロウイワシにとって有利な戦略といえるだろう(Conover 1984).

2つ目の代表的な性決定メカニズムは, 単一遺伝子座による**遺伝性決定**(**genetic sex determination: GSD**)である. ここで, ある遺伝子座において, A_1A_1 がオス, A_2A_2 がメスになるとしよう(図 9.2). もし, A_1A_2 というヘテロ接合体がオスとメスの中間の配偶子をつくるとすると, 中間的な配偶子はどっちつかずなため不利となるだろう(8.2 の分断化選択の説明を参照). A_1 あるいは A_2 のどちらかが優性であると, 中間型が生じることはなく雌雄という二型しか生まれない. したがって, どちらかが優性になるようなアリルの組み合わせは, 中間を生み出すアリルの組み合わせよりも集団に維持されやすいと考えられる. A_1 が優性な場合, A_1 を Y と呼び, A_2 を X と呼ぶ. A_2 が優性な場合,

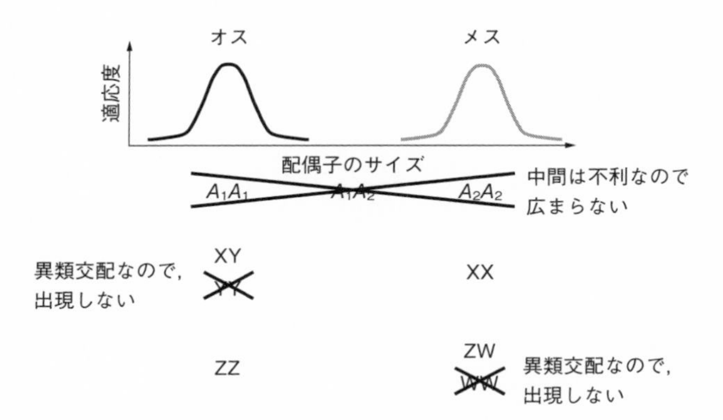

図 9.2 遺伝性決定の様式． 単一遺伝子で性が決まる場合，ヘテロ接合体が中間型の表現型，すなわち，中くらいのサイズの配偶子を中くらいの数だけ算出すると仮定するとヘテロ接合体が不利なので，そのようなアリルは広まりにくいであろう．一方，オスになることが優性(Y が X に対して優性)あるいはメスになることが優性(W が Z に対して優性)であれば，中間型は出現しない．雌雄は異類交配を示すので，XY と XY が交配したり，ZW と ZW が交配することはないので，YY や WW は(性転換がない限り)出現しない．

A_1 を Z と呼び，A_2 を W と呼ぶ．さて，8.3 で学んだようにオスとメスの間に異類交配があるとすると，Y を持つオスは XX メスとしか交配しないので，YY オスは(性転換個体がない限り)出現しない．W を持つメスは ZZ オスとしか交配しないので，WW メスは(性転換個体がない限り)出現しない．つまり，単一遺伝子座で性が決定される場合，XX-XY 型を持つ生物と ZZ-ZW 型を持つ生物が多いということになる．

環境性決定と単一遺伝子座による遺伝性決定は必ずしも相互排他的ではなく，共存している種も多い．例えばメダカは *Dmy* というオス決定遺伝子で基本的には性が決まるが，胚を高温にさらすと XX 個体がオスに性転換する(Sato *et al*. 2005; Hattori *et al*. 2007)．環境性決定と遺伝性決定を一連のスペクトラムの両極として捉えるのが適切かもしれない(Sarre *et al*. 2004)．

上記以外にも，XX-XO システムによる性決定，複数遺伝子座による性決定，B 染色体(基本的な染色体とは別に存在する過剰な染色体)による性決定，半倍数性(haplodiploidy)による性決定，細胞内寄生体による性転換など性決定メカニズムは実に多様であり本書で全てを網羅することはできないので他の文献を参照してほしい(Bull 1983; Bachtrog *et al*. 2014; Beukeboom and Perrin 2014)．

9.2 性染色体進化の古典的モデル

単一あるいは少数の遺伝子座で性が決定している場合，主働な性決定遺伝子(master-sex determining gene)が座乗している染色体を性染色体という．ここでは，性染色体進化の古典的なモデルを説明する(図9.3)．XX-XYシステムを例に説明するが，ZZ-ZWシステムの場合は雌雄を入れ替えて考えてほしい．

ステップ①：性染色体進化の最初のステップは，性染色体の出現である(図9.3)．性染色体の出現には大きく3通りの進化の様式がある(図9.4)．第一に，環境性決定など，遺伝要因以外で性決定していた生物に性染色体が進化する場合が考えられる(Bull 1983, 1985)．環境変動などによって性比が大きく1：1からズレる場合などに，**負の頻度依存性選択(negative frequency-dependent selection)**が働いて，希少な性へ転換する変異が有利となり，主働な性決定遺伝子が固定しやすいことが考えられる．例えば，メス過剰な状況では，オスの表現型を示す個体の方がメスの表現型を示す個体よりも繁殖成功率が高くなる．仮にオスを生み出すようなアリルが突然変異によって生じると，そのようなアリルは集団中に広がり始めるであろう．しかし，あるところまでオスが増

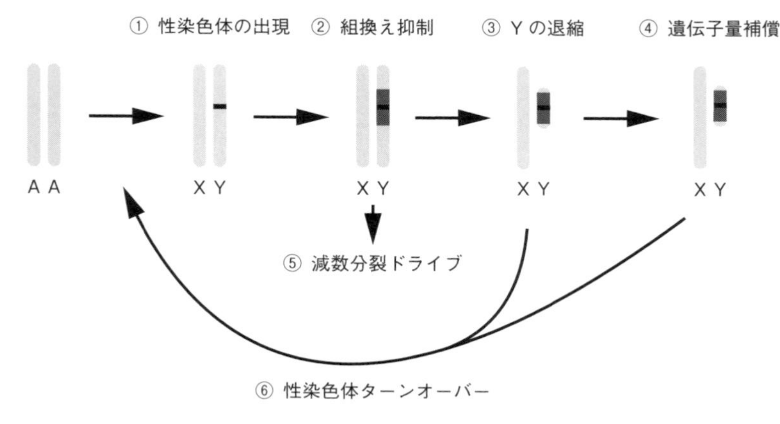

図9.3　性染色体の進化過程のモデル．

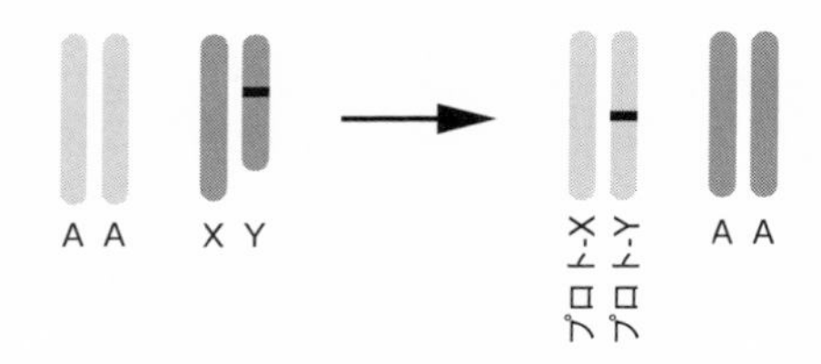

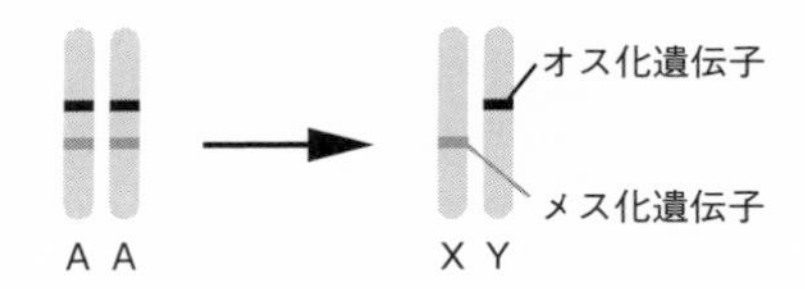

図 9.4　性染色が進化する過程.

えて，オスがメスよりも多くなると，今度はオスであることが不利になるため，最終的に性比は 1：1 に落ち着くと考えられている(Fisher 1930; Hamilton 1967)．負の頻度依存性選択によって性比が 1：1 に落ち着くことを，**フィッシャーの原理(Fisher's principle)**という．第二に，別の染色体が性染色体だった状態から，常染色体が新たに性染色体に転換する場合(性染色体のターンオーバー)が考えられるが，これについては 9.4 で説明する．第三に，雌雄同体(hermaphrodite)の生物に性染色体が進化する場合がある(Charlesworth and Charlesworth 1978)．雌雄異体に進化するためには，雌雄同体が持っていたオス化の遺伝子は残したままメス化の遺伝子を欠失させた染色体と，メス化の遺伝子は残したままオス化の遺伝子を欠失させた染色体が必要である．すなわち少なくとも 2 つの変異(メス化遺伝子の失活とオス化遺伝子の失活)が必要だという仮説がある．雌雄同体から性染色体が進化する進化的要因としては，自家受精を防ぐことができて有利であること，性染色体があった方が雌雄間の性的葛藤が解消されやすく有利なこと(8.5参照)などが理由として考えられる.

ステップ②：性染色体に**組換え抑制領域**や**非組換え領域**(**non-recombining region**)が進化する(図9.3). 性染色体における組換え抑制はかなり普遍的に見られる現象であるが，組換え抑制の程度や領域の大きさは分類群によって様々であり，魚類や両生類では組換え抑制領域が小さい種も多い(Bachtrog *et al.* 2014; Beukeboom and Perrin 2014). 組換え抑制を誘導する要因については諸説あり，実際のところ，どれが重要なのかは決着がついていない. ここでは，諸説を簡単に列挙する. (1)雌雄同体から性染色体が進化するためには，Yのオス化遺伝子とXのメス化遺伝子の組換え抑制が必要である(Charlesworth and Charlesworth 1978). これらの間で組換えを起こすと雌雄同体に戻ったり，性決定遺伝子を欠いた個体が出現してしまう. (2)性決定遺伝子内の複数の変異(例えば，発現調節変異とアミノ酸置換など)が性決定機能に必要ならば，そもそも遺伝子レベルでの組換え抑制が有利になるであろう(Beukeboom and Perrin 2014; Kitano *et al.* 2024). (3)性決定遺伝子の近傍に性的葛藤変異がある場合にも，組換え抑制が有利になるであろう(Rice 1984). 8.5で説明した通り，最もわかりやすい例でいうと，オス決定遺伝子の近傍にオスに有利でメスに不利なアリルが座乗していると，これらの間での組換え抑制は有利になるであろう. (4)性決定遺伝子の近傍にヘテロで有利になる変異がある場合にも，組換え抑制が有利になるであろう(Charlesworth and Wall 1999; Jay *et al.* 2022). 例えば，Yに座乗しているアリルは，少なくともXYの個体では常にヘテロの状態を保持できるからである. (5)ある程度配列が分化すると，XとYの間での対合や交叉が機械的に阻害されて，組換え抑制そのものが有利かどうかとは無関係に(中立に)組換え抑制が生じる(Jeffries *et al.* 2021). (6)XとYの間で，シス遺伝子発現調節領域の配列がある程度分化すると，オス個体内とメス個体内での遺伝子発現調節の様式が異なるようになり(トランス因子の作用が雌雄で異なるようになるなど)，いったん雌雄それぞれで最適な発現様式が進化してしまうと，再度の組換えがむしろ不利になるというモデルも近年提唱された(Lenormand and Roze 2022). このように性染色体における組換え抑制は広く観察されているにもかかわらず，その要因に関しては仮説が乱立しているのが現状である.

ステップ③：次に生じるのは，**Y 染色体の退縮**である（Charlesworth and Charlesworth 2000）（図 9.3）．非組換え領域では，有効集団サイズの低下（単純には Y 染色体は常染色体の 1/4）により遺伝的浮動の効果が強くなり，有害変異を除去する選択圧の効果が相対的に弱まることによって，有害変異が溜まりやすくなる．有効集団サイズと遺伝的浮動の関係については 1.5 や BOX 1 などを参照してほしい．また，組換えによって有害変異の数が少ない染色体を生み出すことができず，有害変異は溜まる一方であり，遺伝的浮動の効果によって最も有害変異数の少ない染色体が失われることも加わって，有害変異が蓄積する．これをマラーのラチェットというのであった（8.1 参照）．さらに，組換え抑制領域内に有利な変異が生じて正の選択が働くと，同じ組換え抑制領域内にたとえ有害変異があってもこの領域をもつ染色体が増えるため，有利な変異に連鎖している有害変異も増えてしまう（4.2 参照）．このような選択の効果を連鎖選択（linked selection）という．また，正の選択によって負の選択が干渉されるような，選択の干渉効果のことを**ヒル・ロバートソン干渉**（**Hill-Robertson interference**）という（Hill and Robertson 1966）．単に遺伝子が機能を失うような変異が蓄積する場合もあれば，トランスポゾンのような利己的な遺伝子（個体の適応度は下げるが，自らの数は増やすような遺伝子）が蓄積する場合もありうる．では，Y 染色体は退縮してなくなってしまうのだろうか？　ヒトの Y 染色体には，パリンドローム構造による遺伝子変換（gene conversion）によって有害変異を修復する機構があり，組換え以外による有害変異の除去機構もあるため（Rozen *et al.* 2003; Skaletsky *et al.* 2003; Bachtrog 2013），Y 染色体がなくなるのが必然的な運命であるのかは議論があるところである（Graves 2004）．また，Y 染色体の退縮が進行して，X と Y の間に顕微鏡で観察できるほどの違いがある場合もあれば（heteromorphic sex chromosome），退縮が軽微で顕微鏡上では X と Y の違いが観察できない場合もあり（homomorphic sex chromosome），その違いを生み出す要因は十分にわかっていない（Bachtrog *et al.* 2014; Beukeboom and Perrin 2014）．

ステップ④：最後に，**遺伝子量補償**（**dosage compensation**）である（図 9.3，図 9.5）．退縮することで Y 染色体上の遺伝子が欠失すると，常染色体やメス（XX 個体）との間に遺伝子発現量のアンバランスが生じると考えられる．遺伝

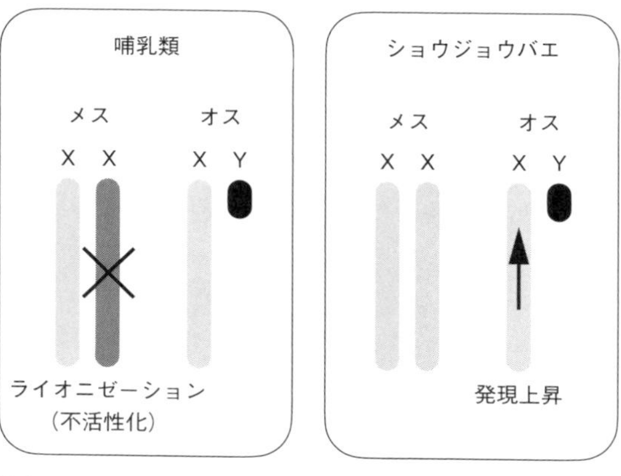

図 9.5　**遺伝子量補償．**　哺乳類では，X 染色体の一本が不活性化する（ライオニゼーション：lyonization）．ショウジョウバエでは，オスの X 染色体で 2 倍量の遺伝子が発現する．

子量補償のメカニズムは分類群によって様々である（Mank *et al*. 2011）．哺乳類では，X 染色体の 1 本が不活性化する（ライオニゼーション：lyonization）ことで，雌雄の発現量を似たものにする．ショウジョウバエでは，オスの X 染色体で 2 倍量の遺伝子が発現している．線虫の *Caenorhabditis elegans* は XX–XO で性が決まるが，発生途中で発現制御機構が変化するなどより複雑な遺伝子量補償機構がある．また，鳥類は ZZ–ZW で性が決まるが，ゼブラフィンチやニワトリでは，遺伝子によって量的補償されている遺伝子とされていない遺伝子があるらしい（Itoh *et al*. 2007）．魚類のイトヨでは，そもそも遺伝子量補償がほとんどなく X 染色体上の遺伝子がメスで 2 倍高く発現している（Leder *et al*. 2010）．イトヨでは，量的変化が不利になるような遺伝子は Y 染色体上で欠失せずに保持されやすい傾向も示されている（White *et al*. 2015）．

9.3　減数分裂ドライブ

組換え抑制はまた，性染色体上に**減数分裂ドライブ**（**meiotic drive**）の進化を誘導しうる（Burt and Trivers 2006）（図 9.3）．減数分裂ドライブとは，減数分裂の際に特定のアリルが次世代に伝わりやすくなる現象である．例えば，**オス**

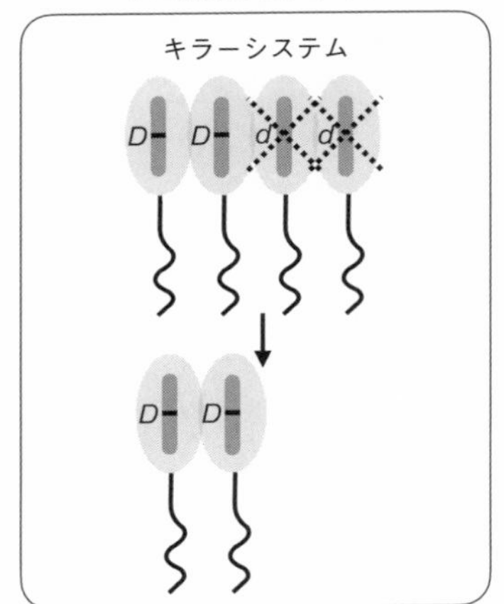

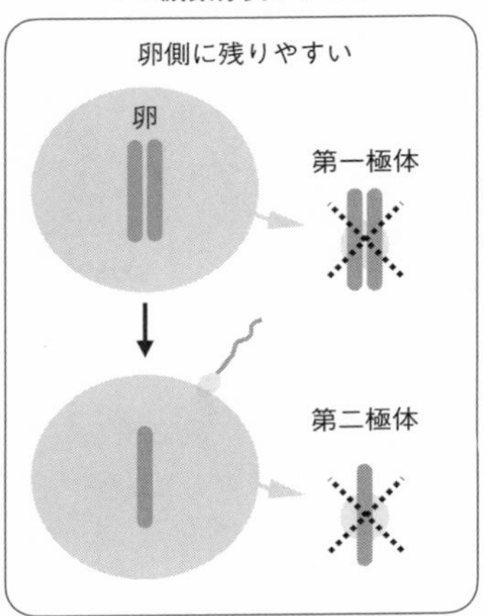

図 9.6 減数分裂ドライブ． オス減数分裂の際に，キラーアリル(D)を持つ配偶子はキラー効果を持たないアリル(d)を持つ配偶子の成熟を抑制する場合がある(左)．メス減数分裂の際に，特定のアリル，セントロメア，染色体などが，極体に移行せず卵に移行しやすい傾向を示す場合がある(右)．

減数分裂ドライブ(male meiotic drive)として，特定のアリルが別のアリルを持った染色体の精子成熟を阻害するようなキラー遺伝子が知られている(図 9.6 左)．また，メスの減数分裂では，第一極体と第二極体が放出されるが，その際に卵の側に残りやすいアリルや染色体があり，これを**メス減数分裂ドライブ(female meiotic drive)**という(図 9.6 右)．

キラー型の減数分裂ドライブは組換え抑制領域に進化しやすい．あるキラーアリルが自らを攻撃するとそのようなアリルは集団には広まらないため，キラーアリルが集団に広がるためには，自らの座乗している染色体にはない配列を標的にして攻撃する必要がある(図 9.7)．あるいは，配偶子形成を阻害する毒素(toxin)を産生しつつも，同時に，毒素の作用を近傍でのみ抑制する解毒因子(antidote)を同時に産生するという戦略も広まりうる(図 9.7)．しかし，キラーアリルと標的が組換えによって同じ染色体に座乗すると自殺が生じてしまうし，毒素アリルと解毒アリルが組換えによって別々の染色体に座乗する場合にも自殺が生じてしまい，キラー遺伝子は広がらない(図 9.7)．したがって，組換え抑制領域は減数分裂ドライブの温床となる．

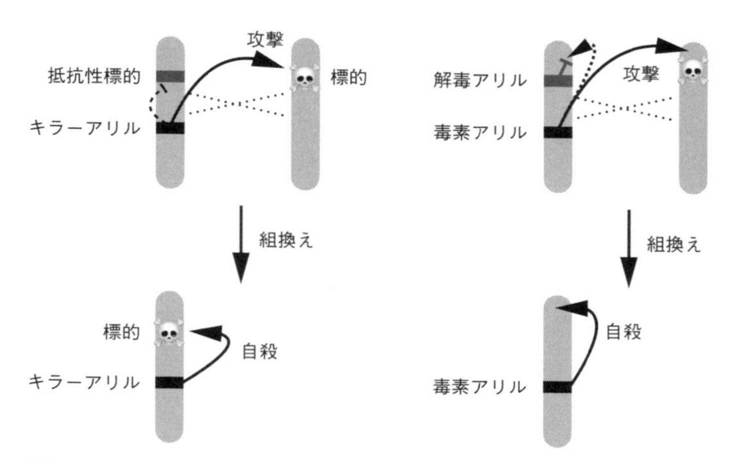

図 9.7　減数分裂ドライブと組換え．　キラーアリルと標的の間で組換えが生じると自殺が生じる（左）．毒素アリルと解毒アリルの間で組換えが生じる場合にも自殺が生じる（右）．

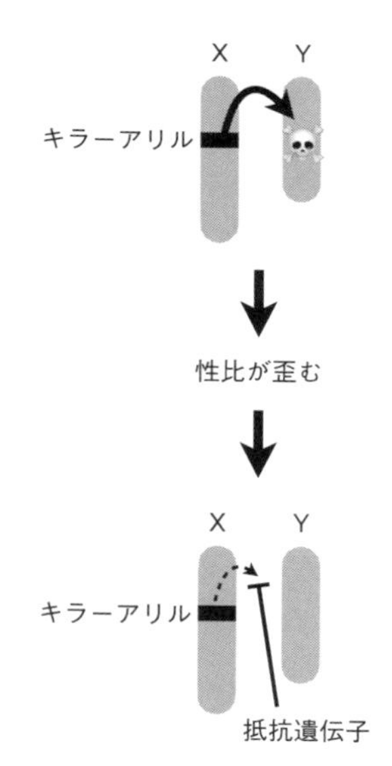

図 9.8　性染色体は減数分裂ドライブの温床．　性染色体は一般に組換え抑制があり，X と Y（あるいは Z と W）の間で配列が分化している．そこで，X の上に Y の配列を標的としたキラーアリル，あるいは，Y の上に X の配列を標的としたキラーアリルが進化しやすいとされる．しかし，性染色体上の減数分裂ドライブは，性比を 1：1 から歪めるため，もう一方の性染色体あるいは常染色体に急速に抵抗遺伝子が進化するとされる．

X染色体にキラーアリルが座乗している場合，Y染色体の非組換え領域に標的があれば，Yのみ攻撃できるので広がりやすいであろう(図9.8)．逆に，Y染色体にキラーアリルが座乗している場合には，X染色体の非組換え領域を標的にすればXのみを攻撃できる．しかし，XやYにキラーアリルが進化すると，性比が1：1から歪んでしまう．例えば，X染色体を攻撃するキラーアリルがY染色体に進化すると，オスが増える．オスが増えると，オスであることの有利さが減少し(フィッシャーの原理：9.2参照)，キラーアリルの有利さが減る．そこで，もう一方の性染色体(この例では，X染色体)や常染色体上に抵抗遺伝子が進化すると予測される(図9.8)．それによって，性比が1：1に戻る．このように，XとYの非組換え領域には，互いを攻撃するキラーアリルが進化し，それを抑制するアリルがゲノム中に共進化してくるということが常に起こっている．

9.4 性染色体のターンオーバー

9.2で説明しなかった**性染色体のターンオーバー**(**sex chromosome turnover**)に触れよう．性染色体のターンオーバーとは，もともと性染色体を持っていた集団において，それまで常染色体であった別の染色体が新たな性染色体になって集団内に固定する現象である(図9.9)．

例えば，既存のY染色体を既に持っている生物において，常染色体上に新たな突然変異が生じてオス決定遺伝子が出現したとしよう．通常，このような変異は初期頻度が低くて遺伝的浮動で消失するであろう．では，どのような場合に，新しい性決定遺伝子が古い性決定遺伝子に置き換わって性染色体のターンオーバーが起こるのであろうか．

まず，既存のY染色体に**有害変異**が蓄積している場合には，新しいオス決定遺伝子を持つ個体の方が古いオス決定遺伝子を持つ個体よりも適応度が高くなり，性染色体のターンオーバーが生じると期待される(Blaser *et al.* 2013)．また，新しいオス決定遺伝子の近傍に，オスに有利な**性的葛藤アリル**(van Doorn and Kirkpatrick 2007, 2010)や**ヘテロで有利になるアリル**がある場合(Charlesworth and Wall 1999)にも，新しいオス決定遺伝子を持つオスの方が

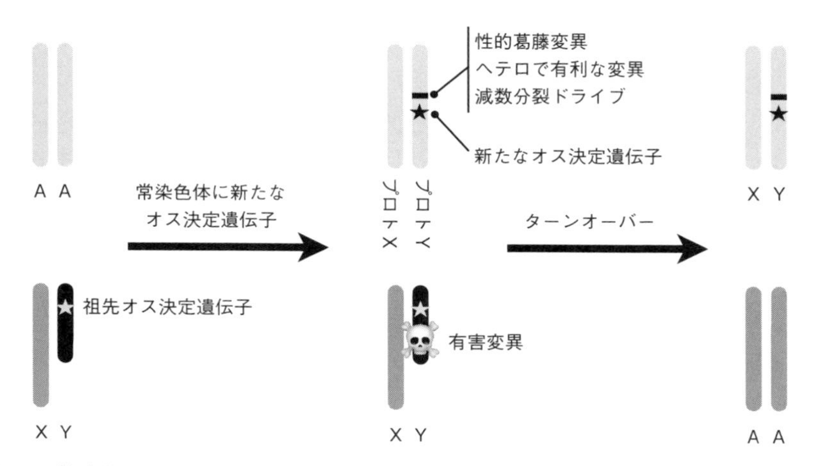

図 9.9　性染色体のターンオーバー． 既にX染色体とY染色体を保持していた集団に，別のオス決定遺伝子(★)が出現し，プロトYになって，最終的に祖先Yを置換する様子を示す．

古いオス決定遺伝子を持つオスよりも適応度が高いため，性染色体のターンオーバーが生じるであろう．新しいオス決定遺伝子の近傍に**減数分裂ドライブ**を誘導するアリルが座乗している場合にも新しいY染色体の頻度が上昇するであろう(Úbeda *et al*. 2015)．また，XYからZWなど，別の性染色体様式へのターンオーバーが起こる場合には，一過的にXYとZWが集団内に共存している状態になり，遺伝的浮動によって容易に性比が1：1から歪む(Veller *et al*. 2017; Saunders *et al*. 2018)．その場合，性比を1：1に戻す方向への選択が生じる(フィッシャーの原理)．このように，遺伝的浮動によって歪んだ性比を1：1に戻す方向への選択(**遺伝的浮動が誘導する選択：drift-induced selection**)によって，XYからZWへ，あるいは，ZWからXYへの性染色体のターンオーバーが促進されることも予測されている．

性染色体のターンオーバーのメカニズムとしての性染色体-常染色体の融合(sex chromosome-autosome fusion)もある(図9.10)．常染色体と既存の性染色体が染色体融合することによって，それまで常染色体だった部分が性染色体に転換するのである(Kitano and Peichel 2012)．染色体融合によって新たにできた性染色体(融合前には常染色体であった部分)のことを**ネオ性染色体(neo-**

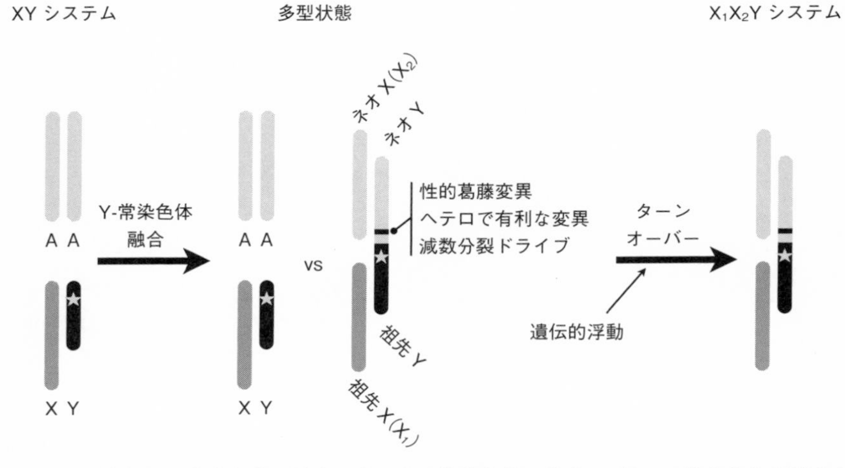

図 9.10 性染色体と常染色体の融合によるネオ性染色体の進化． 既にX染色体とY染色体を保持していた集団において，Y染色体がある常染色体と融合してネオY染色体を生み出し，X染色体は分離したままの状態を示す．X染色体と融合しなかった対となっていた常染色体をネオX染色体(X_2)といい，もともと存在していたX染色体を祖先X(X_1)という．このように，性染色体が複数存在し，雌雄で染色体数が異なるシステムを多性染色体システムという．

sex chromosome)と呼ぶ．XあるいはYの片方だけが常染色体と融合した場合，もう片方の染色体は遊離したままなので，雌雄で染色体数が異なることになる．このような状態を**多性染色体システム**(**multiple sex chromosome system**)という．多性染色体システムは意外に多く，例えば，魚類では性染色体の発見された種の中で約3割の種に観察されている(Pennell *et al.* 2015)．一般に，染色体融合は有害なことが多いが，上記で考察したのと同様に，性的葛藤，ヘテロでの有利さ，減数分裂ドライブなどによってこのような性染色体-常染色体融合が集団に固定すると推測されている(Charlesworth and Charlesworth 1980; Charlesworth and Wall 1999; Yoshida and Kitano 2012; Pennell *et al.* 2015)．

性染色体をめぐっては，組換え抑制の進化や性染色体のターンオーバーなどに関して，現存種における観察データが地道に蓄積しつつあり，それを説明するような理論モデルも複数提示されている．しかし，どの理論モデルが正しいのかどうか，どの程度普遍性を持つのかなどはこれからの課題である．性染色体研究に関しても，序文で説明したような研究のサイクルがもっと回転することで，今後研究が発展していくであろう．

BOX 9：種分化の2つの法則と性染色体

今まで学んできた知識を総動員して，BOX 6.2で触れた種分化の2つの法則（ホールデイン則とラージX効果）の説明を試みてみよう（Coyne and Orr 2004; Presgraves 2010）．ここでは代表的な5つの説を簡単に紹介したい．

第一に，性染色体に減数分裂ドライブが進化しやすいことに原因を求める説がある（Frank 1991; Hurst and Pomiankowski 1991; Patten 2018）．種内では，性染色体に生じたキラー遺伝子と抵抗遺伝子のバランスがとれている（9.3参照）．しかし，雑種を作成すると，これらのバランスが崩れる．別種のキラーに対抗する遺伝子がないと，別種のXとYの間で，互いの精子を殺し合うため，オスで不妊が生じるというのである（Kitano and Yoshida 2023）．第二に，性染色体特有の遺伝子発現調節に原因を求める説がある（Masly and Presgraves 2007）．X染色体には，遺伝子量補償の他にも，精子の減数分裂時の遺伝子不活性化（**meiotic sex chromosome inactivation: MSCI**）など，常染色体にはない特殊な遺伝子調節機構がある．オスにおける遺伝子量補償が原因となって，オスのみに雑種異常を引き起こす例については，6.4で既に紹介した．第三に，遺伝子の転位である（Moyle *et al.* 2010）．常染色体とXの間で遺伝子の転位があった場合，遺伝子量補償などとの作用も相まって，オスのみに異常が生じうる．第四に，X染色体はオスでヘミ接合となり，劣性の有利な変異が蓄積しやすいため，X染色体は進化速度が速いという説がある（**faster-X evolution**）（Charlesworth *et al.* 1987）．進化速度が速いため，雑種異常の原因変異も生じやすいという説である．第五は，ドブジャンスキー・マラー不適合のモデルに基づく説である．Aがaに対して優性，あるいは，Bがbに対して優性になるというように，片方の遺伝子座のみで片側のアリルが優性になる場合が多いと仮定する．その場合，片方の遺伝子座がヘミ接合なX(Yには遺伝子がない)に座乗していると，レスキューできるアリルを欠くために，F_1のオスでは異常が生じる．これを**dominance theory**という(Turelli and Orr 1995)．仮説のうちどれが有力なのか，別の理由が存在するのかについては，現在も論争中であり決着を見ていないのが現状である．

あ と が き

生態遺伝学の分野は急速に進展しており最新知見を常にフォローする必要がある．しかし，まずは，これまでの先人の研究の積み重ねによる基本知識をしっかりと理解・把握することが必要であると考える．過去の先人の研究を無視して安易に新規性を主張するような研究はあまりよくないと私は思う．これは自分自身への戒めであり，そのような信念で本書を記した．

本書を終えるにあたって，再びフォードの“Ecological Genetics”の結語から引用することにしたい．「レオナルド・ダーウィンは，父チャールズ・ダーウィンとの会話を私に語ってくれたチャールズ・ダーウィンは，正しい材料を選べば，自然環境下で現在進行中の進化的変化を検出することが可能であろうと信じていた．この目的のためには，年1回繁殖の種では，ことによると50年間にわたる長期継続的調査，注意深い記録が必要だ，と．いつものごとく，ダーウィンは正しい．しかし，今回ばかりは悲観的すぎる．生態遺伝学の技術をもってすれば，3〜4世代での進化的変化を観察することも，自然選択の作用を野生集団において評価することも，その直接的な効果を分析することも可能なのだ」(Ford 1964)．

現在は，ゲノム解析・ゲノム編集技術などが比較的簡単にできるし，進化生態学の手法も成熟している．今後もさらなる技術進展があるだろう．自身が興味を持つ野生生物をめぐる素朴な問いに対して，過去の知見の蓄積をしっかり理解した上で最新手法を導入して挑めば，面白いワクワクする研究がきっとできるはずだ．本書の読者の中から生態遺伝学の分野を世界的に牽引する研究者が一人でも生まれれば幸いである．

謝　辞

本書で記した内容は，これまで一緒に研究活動を行ってきたラボメンバーや共同研究者との一喜一憂の中で学んできた知識と考え方であり，彼ら彼女ら全員に感謝する．また，研究活動に際して，国立遺伝学研究所，科学研究費助成事業，科学技術振興機構などからの支援を頂いた．さらに，人生の大半を研究に費やすことを可能にしてくれた理解ある家族に心より感謝する．最後に，本書の出版を可能にしてくれた丸善出版の小畑悠一氏，佐藤か奈氏に心より御礼を申し上げる．

参考文献

Albert, A. Y., Sawaya, S., Vines, T. H., Knecht, A. K., Miller, C. T., Summers, B. R., Balabhadra, S., Kingsley, D. M., and Schluter, D. (2008) The genetics of adaptive shape shift in stickleback: pleiotropy and effect size. ***Evolution*** 62: 76–85.

Arendt, J., and Reznick, D. (2008) Convergence and parallelism reconsidered: what have we learned about the genetics of adaptation?. ***Trends in Ecology & Evolution*** 23: 26–32.

Arnegard, M. E., McGee, M. D., Matthews, B., Marchinko, K. B., Conte, G. L., Kabir, S., Bedford, N., Bergek, S., Chan, Y. F., Jones, F. C., Kingsley, D. M., Peichel, C. L., and Schluter, D. (2014) Genetics of ecological divergence during speciation. ***Nature*** 511: 307–311.

Bachtrog, D. (2013) Y–chromosome evolution: emerging insights into processes of Y-chromosome degeneration. ***Nature Reviews Genetics*** 14: 113–124.

Bachtrog, D., Mank, J. E., Peichel, C. L., Kirkpatrick, M., Otto, S. P., Ashman, T. L., Hahn, M. W., Kitano, J., Mayrose, I., Ming, R., Perrin, N., Ross, L., Valenzuela, N., Vamosi, J. C., and Tree of Sex Consortium (2014) Sex determination: why so many ways of doing it? ***PLoS Biology*** 12: e1001899.

Barrett, R. D. H., Laurent, S., Mallarino, R., Pfeifer, S. P., Xu, C. C. Y., Foll, M., Wakamatsu, K., Duke-Cohan, J. S., Jensen, J. D., and Hoekstra, H. E. (2019) Linking a mutation to survival in wild mice. ***Science*** 363: 499–504.

Barton, N. H., and Keightley, P. D. (2002) Understanding quantitative genetic variation. ***Nature Reviews Genetics*** 3: 11–21.

Bateman, A. J. (1948) Intra-sexual selection in *Drosophila*. ***Heredity*** 2: 349–368.

Bateson, W. (1909) Heredity and variation in modern lights. *in Darwin and modern science*. Cambridge University Press.

Bayes, J. J., and Malik, H. S. (2009) Altered heterochromatin binding by a hybrid sterility protein in *Drosophila* sibling species. ***Science*** 326: 1538–1541.

Beatty, J. (2006) Replaying Life's Tape. ***Journal of Philosophy*** 103: 336–362.

Beavis, W. D. (1998) QTL analyses: Power, precision, and accuracy. *in Molecular Dissection of Complex Traits*. CRC Press. pp 145–162

Bell, M. A., Aguirre, W. E., and Buck, N. J. (2004) Twelve years of contemporary armor evolution in a threespine stickleback population. ***Evolution*** 58: 814–824.

Bergeron, L. A., Besenbacher, S., Zheng, J., Li, P., Bertelsen, M. F., Quintard, B., Hoffman, J. I., Li, Z., St Leger, J., Shao, C., Stiller, J., Gilbert, M. T. P., Schierup, M. H., and Zhang, G. (2023). Evolution of the germline mutation rate across vertebrates. ***Nature*** 615: 285–291.

Bergstrom, C. A. (2011) Fast-start swimming performance and reduction in lateral plate number in threespine stickleback. ***Canadian Journal of Zoology*** 80: 207–213.

Beukeboom, L. W., and Perrin, N. (2014) *The Evolution of Sex Determination*. Oxford University Press.

Bickel, R. D., Kopp, A., and Nuzhdin, S. V. (2011) Composite effects of polymorphisms near multiple regulatory elements create a major-effect QTL. ***PLoS Genetics*** 7: e1001275.

Blaser, O., Grossen, C., Neuenschwander, S., and Perrin, N. (2013) Sex-chromosome turnovers induced by deleterious mutation load. ***Evolution*** 67: 635–645.

Blount, Z. D., Lenski, R. E., and Losos, J. B. (2018) Contingency and determinism in evolution: Replaying life's tape. ***Science*** 362: eaam5979.

Bomblies, K., Lempe, J., Epple, P., Warthmann, N., Lanz, C., Dangl, J. L., and Weigel, D. (2007) Autoimmune response as a mechanism for a Dobzhansky-Muller-type incompatibility syndrome in plants. ***PLoS Biology*** 5: e236.

Bozdag, G. O., Ono, J., Denton, J. A., Karakoc, E., Hunter, N., Leu, J. Y., and Greig, D. (2021) Breaking a species barrier by enabling hybrid recombination. ***Current Biology*** 31: R180–R181.

Broman, K. W., and Sen, S. (2009) *A Guide to QTL Mapping with R/qtl*. Springer.

Bull, J. J. (1983) *Evolution of Sex Determining Mechanisms*. Benjamin/Cummings Publishing Company.

Bull, J. J. (1985) Sex determining mechanisms: an evolutionary perspective. ***Experientia*** 41: 1285–1296.

Burt, A., and Trivers, R. (2006) *Genes in Conflict*. Harvard University Press.

Campbell, C. D., and Eichler, E. E. (2013) Properties and rates of germline mutations in humans. ***Trends in Genetics*** 29: 575–584.

Carroll S. B. (2005) Evolution at two levels: on genes and form. ***PLoS Biology*** 3; e245.

Castillo, D. M., and Barbash, D. A. (2017) Moving speciation genetics forward: Modern techniques build on foundational studies in *Drosophila*. ***Genetics*** 207: 825–842.

Chan, Y. F., Marks, M. E., Jones, F. C., Villarreal, G., Jr, Shapiro, M. D., Brady, S. D., Southwick, A. M., Absher, D. M., Grimwood, J., Schmutz, J., Myers, R. M., Petrov, D., Jónsson, B., Schluter, D., Bell, M. A., and Kingsley, D. M. (2010) Adaptive evolution of pelvic reduction in sticklebacks by recurrent deletion of a *Pitx1* enhancer. ***Science*** 327: 302–305.

Charlesworth B. (1992) Evolutionary rates in partially self-fertilizing species. ***The American Naturalist*** 140: 126–148.

Charlesworth, B., and Charlesworth, D. (1978) A model for the evolution of dioecy and gynodioecy. ***The American Naturalist*** 112: 975–997.

Charlesworth, B., and Charlesworth, D. (2000) The degeneration of Y chromosomes. ***Philosophical transactions of the Royal Society of London. Series B, Biological sciences*** 355: 1563–1572.

Charlesworth, B., Coyne, J. A., and Barton, N. H. (1987) The relative rates of evolution of sex chromosomes and autosomes. ***The American Naturalist*** 130: 113–146.

Charlesworth, B., and Wall, J. D. (1999) Inbreeding, heterozygote advantage and the evolution of neo-X and neo-Y sex chromosomes. ***Proceedings of the Royal Society B: Biological Sciences*** 266: 51–56.

Charlesworth, D., and Charlesworth, B. (1980) Sex differences in fitness and selection for centric fusions between sex-chromosomes and autosomes. ***Genetical Research*** 35: 205–214.

Charmantier, A., Garant, D., and Kruuk, L. E. B. (2014) *Quantitative Genetics in the Wild*. Oxford University Press.

Charnov, E. L., and Bull, J. (1977) When is sex environmentally determined? ***Nature*** 266: 828–830.

Chhina, A. K., Thompson, K. A., and Schluter, D. (2022) Adaptive divergence and the evolution of hybrid trait mismatch in threespine stickleback. ***Evolution Letters*** 6: 34–45.

Colosimo, P. F., Hosemann, K. E., Balabhadra, S., Villarreal, G., Jr, Dickson, M., Grimwood, J., Schmutz, J., Myers, R. M., Schluter, D., and Kingsley, D. M. (2005) Widespread parallel evolution in sticklebacks by repeated fixation of Ectodysplasin alleles. ***Science*** 307: 1928–1933.

Conover, D. O. (1984) Adaptive significance of temperature-dependent sex determination in a fish. ***The American Naturalist*** 123: 297–313.

Conover, D. O., and Kynard, B. E. (1981) Environmental sex determination: interaction of temperature and genotype in a fish. ***Science*** 213: 577–579

Conte, G. L., Arnegard, M. E., Peichel, C. L., and Schluter, D. (2012) The probability of genetic parallelism and convergence in natural populations. ***Proceedings of the Royal Society B: Biological Sciences*** 279: 5039–5047.

Conway Morris, S. (2003) *Life's Solution: Inevitable Humans in a Lonely Universe*. Cambridge University Press.

Cook, L. M., Dennis, R. L. H., and Mani, G. S. (1999) Melanic morph frequency in the peppered moth in the Manchester area. ***Proceedings of the Royal Society B: Biological Sciences*** 266: 293–297.

Cox, R. M., and Calsbeek, R. (2009) Sexually antagonistic selection, sexual dimorphism, and the resolution of intralocus sexual conflict. ***The American Naturalist*** 173: 176–187.

Coyne, J. A., and Orr, H. A. (1989a) Patterns of speciation in *Drosophila*. ***Evolution*** 43: 362–381.

Coyne, J. A., and Orr, H. A. (1989b) Two rules of speciation. ***in*** D. Otte and J. Endler, eds. *Speciation and its consequences*. Sinauer. pp. 180–207.

Coyne, J. A., and Orr, H. A. (1997) "Patterns of speciation in *Drosophila*" revisited. ***Evolution*** 51: 295–303.

Coyne, J. A., and Orr, H. A. (2004) *Speciation*. Sinauer.

Crow, J.F. and Kimura, M. (1970) *An introduction in Population Genetics Theory*. Harper and Row.

Darwin, C. R. (1859) *On the Origin of Species by Means of Natural Selection, or the Preservation of Favoured Races in the Struggle for Life*. John Murray. (翻訳版：八杉龍一 訳(1990)種の起原 上・下．岩波書店)

Darwin, C. R. (1888) *The Descent of Man,: And Selection in Relation to Sex*. John Murray. (翻訳版：長谷川眞理子 訳(2016)人間の由来 上・下．講談社)

Dobzhansky, T. (1936) Studies on hybrid sterility. II. localization of sterility factors in *Drosophila pseudoobscura* hybrids. ***Genetics*** 21: 113–135.

Dobzhansky, T. (1937) *Genetics and the Origin of Species*. Columbia University Press.

Endler, J. A. (1980) Natural selection on color patterns in Poecilia reticulata. ***Evolution*** 34: 76–91.

Excoffier, L., Dupanloup, I., Huerta-Sánchez, E., Sousa, V. C., and Foll, M. (2013) Robust demographic inference from genomic and SNP data. ***PLoS Genetics*** 9: e1003905.

Falconer, D.S. (1989) *Introduction to Quantitative Genetics. 3rd Edition*, Longman Scientific and Technical. (翻訳版：田中嘉成，野村哲郎 訳．(1993)量的遺伝学入門．蒼樹書房)

Fay, J. C., and Wu, C. I. (2000) Hitchhiking under positive Darwinian selection. ***Genetics*** 155: 1405–1413.

Feder, J. L., Egan, S. P., and Nosil, P. (2012) The genomics of speciation-with-gene-flow. ***Trends in Genetics*** 28: 342–350.

Felsenstein, J. (1981). Skepticism towards Santa Rosalia, or why are there so few kinds of animals? ***Evolution*** 35: 124–138.

Felsenstein, J. (1985) Phylogenies and the comparative method. ***The American Naturalist*** 125: 1–15.

Fisher, R. A. (1930) *The Genetical Theory of Natural Selection*. Oxford University Press.

Flint, J., Valdar, W., Shifman, S., and Mott, R. (2005) Strategies for mapping and cloning quantitative trait genes in rodents. ***Nature Reviews Genetics*** 6: 271–286.

Ford, E. B. (1964) *Ecological Genetics*. Chapman & Hall.

Frank, S. A. (1991) Divergence of meiotic drive-suppression systems as an explanation for sex-biased hybrid sterility and inviability. ***Evolution*** 45: 262–267.

Frankel, N., Erezyilmaz, D. F., McGregor, A. P., Wang, S., Payre, F., and Stern, D. L. (2011) Morphological evolution caused by many subtle-effect substitutions in regulatory DNA. ***Nature*** 474: 598–603.

Frankham, R., Ballou, J., and Briscoe, D. (2010) *Introduction to Conservation Genetics* (*2nd Ed.*). Cambridge University Press.

Futuyma, D., and Kirkpatrick, M. (2017) *Evolution* (*4th Ed.*). Sinauer.

Gavrilets, S. (2004) *Fitness Landscapes and the Origin of Species* (*MPB-41*). Princeton University Press.

Gillespie, J. H. (2004) *Population Genetics: A Concise Guide*. The Johns Hopkins University Press.

Godin, J.-G. J., and McDonough, H. E. (2003) Predator preference for brightly colored males in the guppy: a viability cost for a sexually selected trait. ***Behavioral Ecology*** 14: 194–200.

Godwin, J. (2009) Social determination of sex in reef fishes. ***Seminars in Cell & Developmental Biology*** 20: 264–270.

Gould, S. J. (1989) *Wonderful life: the Burgess Shale and the nature of history*. WW Norton & Company. (翻訳版：渡辺政隆 訳. (1993) ワンダフル・ライフ―バージェス頁岩と生物進化の物語. 早川書房)

Gould, S. J., and Lewontin, R. C. (1979) The spandrels of San Marco and the Panglossian paradigm: a critique of the adaptationist programme. ***Proceedings of the Royal Society of London. Series B, Biological sciences*** 205: 581–598.

Grant, P. R., and Grant, B. R. (2008) *How and Why Species Multiply: The Radiation of Darwin's Finches*. Princeton University Press. (翻訳版：巌佐庸, 山口諒 訳. (2017) なぜ・どうして種の数は増えるのか―ガラパゴスのダーウィンフィンチ. 共立出版)

Graves, J. A. M. (2004) The degenerate Y chromosome–can conversion save it? ***Reproduction, Fertility, and Development*** 16: 527–534.

Gutenkunst, R. N., Hernandez, R. D., Williamson, S. H., and Bustamante, C. D. (2009) Inferring the joint demographic history of multiple populations from multidimensional SNP frequency data. ***PLoS Genetics*** 5: e1000695.

Hahn, M. W. (2019) *Molecular Population Genetics*. Sinauer Associates.

Haldane, J. B. S. (1990) A mathematical theory of natural and artificial selection-I. 1924. ***Bulletin of Mathematical Biology*** 52: 209–240.

Haldane, J. B. S. (1922) Sex ratio and unisexual sterility in hybrid animals. ***Journal of Genetics*** 12: 101–109.

Hamilton, W. D. (1967) Extraordinary sex ratios. A sex-ratio theory for sex linkage and inbreeding has new implications in cytogenetics and entomology. ***Science*** 156: 477–488.

Hamilton, W. D. (1980) Sex versus non-sex versus parasite. ***Oikos*** 35: 282–290.

Hamilton, W. D., Axelrod, R., and Tanese, R. (1990) Sexual reproduction as an adaptation to resist parasites (a review). ***Proceedings of the National Academy of Sciences of the United States of America*** 87: 3566–3573.

Hartl, D. L., and Taubes, C. H. (1998) Towards a theory of evolutionary adaptation. ***Genetica*** 102-103: 525–533.

Harvey, P. H., and Pagel, M. D. (1991) *The Comparative Method in Evolutionary Biology*. Oxford University Press.

Hattori, R. S., Gould, R. J., Fujioka, T., Saito, T., Kurita, J., Strüssmann, C. A., Yokota, M., and Watanabe, S. (2007) Temperature-dependent sex determination in Hd-rR medaka *Oryzias latipes*: gender sensitivity, thermal threshold, critical period, and *DMRT1* expression profile. ***Sexual Development*** 1: 138–146.

Hendry, A. P. (2016) *Eco-evolutionary Dynamics*. Princeton University Press.

Hereford, J., Hansen, T. F., and Houle, D. (2004) Comparing strengths of directional selection: how strong is strong? ***Evolution*** 58: 2133–2143.

Hill, W. G., and Robertson, A. (1966) The effect of linkage on limits to artificial selection. ***Genetics Research*** 8: 269–294.

Hoekstra, H. E. (2006) Genetics, development and evolution of adaptive pigmentation in vertebrates. ***Heredity*** 97: 222–234.

Hoekstra, H. E., and Coyne, J. A. (2007) The locus of evolution: evo devo and the genetics of adaptation. ***Evolution*** 61: 995–1016.

Hoekstra, H. E., Hirschmann, R. J., Bundey, R. A., Insel, P. A., and Crossland, J. P. (2006) A single amino acid mutation contributes to adaptive beach mouse color pattern. ***Science*** 313: 101–104.

Hoekstra, H. E., Hoekstra, J. M., Berrigan, D., Vignieri, S. N., Hoang, A., Hill, C. E., Beerli, P., and Kingsolver, J. G. (2001) Strength and tempo of directional selection in the wild. ***Proceedings of the National Academy of Sciences of the United States of America*** 98: 9157–9160.

Houde, A. E. (1987) Mate choice based upon naturally occurring color pattern variation in a guppy population. ***Evolution*** 41: 1–10.

Hudson, R. R. (1983) Testing the constant-rate neutral allele model with protein sequence data. ***Evolution*** 37: 203–217.

Hurst, L. D., and Pomiankowski, A. (1991) Causes of sex ratio bias may account for unisexual sterility in hybrids: a new explanation of Haldane's rule and related phenomena. ***Genetics*** 128: 841–858.

Hutchinson, G. E. (1959) Homage to Santa Rosalia or why are there so many kinds of animals? ***The American Naturalist*** 93: 145–159.

Ishikawa, A., Kabeya, N., Ikeya, K., Kakioka, R., Cech, J. N., Osada, N., Leal, M. C., Inoue, J., Kume, M., Toyoda, A., Tezuka, A., Nagano, A. J., Yamasaki, Y. Y., Suzuki, Y., Kokita, T., Takahashi, H., Lucek, K., Marques, D., Takehana, Y., Naruse, K., Mori, S., Monroig, O., Ladd, N., Schubert, C. J., Matthews, B., Peichel, C. L., Seehausen, O., Yoshizaki, G., and Kitano, J. (2019) A key metabolic gene for recurrent freshwater colonization and radiation in fishes. ***Science*** 364: 886–889.

Itoh, Y., Melamed, E., Yang, X., Kampf, K., Wang, S., Yehya, N., Van Nas, A., Replogle, K., Band, M. R., Clayton, D. F., Schadt, E. E., Lusis, A. J., and Arnold, A. P. (2007) Dosage compensation is less effective in birds than in mammals. ***Journal of Biology*** 6: 2.

Jay, P., Tezenas, E., Véber, A., and Giraud, T. (2022) Sheltering of deleterious mutations explains the stepwise extension of recombination suppression on sex chromosomes and other supergenes. ***PLoS Biology*** 20: e3001698.

Jeffries, D. L., Gerchen, J. F., Scharmann, M., and Pannell, J. R. (2021) A neutral model for the loss of recombination on sex chromosomes. ***Philosophical transactions of the Royal Society of London. Series B, Biological Sciences*** 376: 20200096.

Karageorgi, M., Groen, S. C., Sumbul, F., Pelaez, J. N., Verster, K. I., Aguilar, J. M., Hastings, A. P., Bernstein, S. L., Matsunaga, T., Astourian, M., Guerra, G., Rico, F., Dobler, S., Agrawal, A. A., and Whiteman, N. K. (2019) Genome editing retraces the evolution of toxin resistance in the monarch butterfly. ***Nature*** 574: 409–412.

Kearsey, M. J., and Farquhar, A. G. (1998) QTL analysis in plants; where are we now?. ***Heredity*** 80 (Pt 2): 137–142.

Kidwell, J. F., Clegg, M. T., Stewart, F. M., and Prout, T. (1977) Regions of stable equilibria for models of differential selection in the two sexes under random mating. ***Genetics*** 85: 171–183.

Kimura, M. (1962) On the probability of fixation of mutant genes in a population. ***Genetics*** 47: 713–719.

Kimura, M. (1968) Evolutionary rate at the molecular level. ***Nature*** 217: 624–626.

Kimura, M. (1983) The Neutral Theory of Molecular Evolution. Cambridge University Press. (翻訳版：

向井 輝美，日下部真一 訳．（1986）分子進化の中立説．紀伊國屋書店）

King, M.（1993）*Species Evolution: The Role of Chromosome Change*. Cambridge University Press.

King, M. C., and Wilson, A. C.（1975）Evolution at two levels in humans and chimpanzees: Their macromolecules are so alike that regulatory mutations may account for their biological differences. ***Science*** 188: 107–116.

Kingman, J. F. C.（1982）On the genealogy of large populations. ***Journal of Applied Probability*** 19: 27–43.

Kingsolver, J. G., Hoekstra, H. E., Hoekstra, J. M., Berrigan, D., Vignieri, S. N., Hill, C. E., Hoang, A., Gibert, P., and Beerli, P.（2001）The strength of phenotypic selection in natural populations. ***The American Naturalist*** 157: 245–261.

Kirkpatrick, M., and Jenkins, C. D.（1989）Genetic segregation and the maintenance of sexual reproduction. ***Nature*** 339: 300–301.

Kitano, J., Ansai, S., Takehana, Y., and Yamamoto, Y.（2024）Diversity convergence of sex determination mechanisms in teleost fish. ***Annual Review of Animal Biosciences*** in press

Kitano, J., Bolnick, D. I., Beauchamp, D. A., Mazur, M. M., Mori, S., Nakano, T., and Peichel, C. L.（2008）Reverse evolution of armor plates in the threespine stickleback. ***Current Biology*** 18: 769–774.

Kitano, J., Ishikawa, A., Ravinet, M., and Courtier-Orgogozo, V.（2022）Genetic basis of speciation and adaptation: from loci to causative mutations. ***Philosophical Transactions of the Royal Society B: Biological Sciences*** 377: 20200503.

Kitano, J., and Peichel, C. L.（2012）Turnover of sex chromosomes and speciation in fishes. ***Environmental Biology of Fishes*** 94: 549–558.

Kitano, J., and Yoshida, K.（2023）Do sex-linked male meiotic drivers contribute to intrinsic hybrid incompatibilities?: Recent empirical studies from flies and rodents. ***Current Opinion in Genetics and Development*** 81: 102068

Kondrashov, A. S.（1988）Deleterious mutations and the evolution of sexual reproduction. ***Nature*** 336: 435–440.

Kopp, A.（2009）Metamodels and phylogenetic replication: a systematic approach to the evolution of developmental pathways. ***Evolution*** 63: 2771–2789.

Lahn, B. T., Pearson, N. M., and Jegalian, K.（2001）The human Y chromosome, in the light of evolution. ***Nature Reviews Genetics*** 2: 207–216.

Lande, R.（1979）Quantitative genetic analysis of multivariate evolution, applied to brain: body size allometry. ***Evolution*** 33: 402–416.

Leder, E. H., Cano, J. M., Leinonen, T., O'Hara, R. B., Nikinmaa, M., Primmer, C. R., and Merilä, J.（2010）Female-biased expression on the X chromosome as a key step in sex chromosome evolution in threespine sticklebacks. ***Molecular Biology and Evolution*** 27: 1495–1503.

Lenormand, T., and Roze, D.（2022）Y recombination arrest and degeneration in the absence of sexual dimorphism. ***Science*** 375: 663–666.

Li, H., and Durbin, R.（2011）Inference of human population history from individual whole-genome sequences. ***Nature*** 475: 493–496.

Lindholm, A., and Breden, F.（2002）Sex chromosomes and sexual selection in poeciliid fishes. ***The American Naturalist*** 160 Suppl 6: S214–S224

Loehlin, D. W., Ames, J. R., Vaccaro, K., and Carroll, S. B.（2019）A major role for noncoding regulatory mutations in the evolution of enzyme activity. ***Proceedings of the National Academy of Sciences of the United States of America*** 116: 12383–12389.

Loehlin, D. W., and Carroll, S. B.（2016）Expression of tandem gene duplicates is often greater than twofold. ***Proceedings of the National Academy of Sciences of the United States of America*** 113: 5988–5992.

Losos, J.（2017）*Improbable Destinies: How Predictable is Evolution?* Penguin UK.（翻訳版：的場知之 訳.（2019）生命の歴史は繰り返すのか？―進化の偶然と必然のナゾに実験で挑む．化学同人）

Lowry, D. B., and Willis, J. H.（2010）A widespread chromosomal inversion polymorphism contributes to a major life-history transition, local adaptation, and reproductive isolation. ***PLoS Biology*** 8: e1000500.

Lu, Y., Sandoval, A., Voss, S., Lai, Z., Kneitz, S., Boswell, W., Boswell, M., Savage, M., Walter, C., Warren, W., Schartl, M., and Walter, R.（2020）Oncogenic allelic interaction in *Xiphophorus* highlights hybrid incompatibility. ***Proceedings of the National Academy of Sciences of the United States of America*** 117: 29786–29794.

Lynch, M.（2007）*The Origins of Genome Architecture*. Sinauer Associates.

Lynch, M., and Force, A. G.（2000）The origin of interspecific genomic incompatibility via gene duplication. ***The American Naturalist*** 156: 590–605.

Maclean, C. J., and Greig, D.（2011）Reciprocal gene loss following experimental whole-genome duplication causes reproductive isolation in yeast. ***Evolution*** 65: 932–945.

Mank, J. E., Hosken, D. J., and Wedell, N.（2011）Some inconvenient truths about sex chromosome dosage compensation and the potential role of sexual conflict. ***Evolution*** 65: 2133–2144.

Marques, D. A., Lucek, K., Meier, J. I., Mwaiko, S., Wagner, C. E., Excoffier, L., and Seehausen, O.（2016）Genomics of rapid incipient speciation in sympatric threespine stickleback. ***PLoS Genetics*** 12: e1005887.

Martin, A., and Orgogozo, V.（2013）The loci of repeated evolution: a catalog of genetic hotspots of phenotypic variation. ***Evolution*** 67:1235–1250.

Masly, J. P., Jones, C. D., Noor, M. A., Locke, J., and Orr, H. A.（2006）Gene transposition as a cause of hybrid sterility in *Drosophila*. ***Science*** 313: 1448–1450.

Masly, J. P., and Presgraves, D. C.（2007）High-resolution genome-wide dissection of the two rules of speciation in *Drosophila*. ***PLoS Biology*** 5: e243.

Maynard Smith, J.（1978）*The Evolution of Sex*. Cambridge University Press.

Maynard Smith, J., and Haigh, J.（1974）The hitch-hiking effect of a favourable gene. ***Genetical Research*** 23: 23–35.

Mayr, E.（1942）*Systematics and the Origin of Species from the Viewpoint of a Zoologist*. Columbia University Press.

Mayr, E.（1963）*Animal Species and Evolution*. The Belknap Press of Harvard University Press.

McPhail, J. D.（1994）Speciation and the evolution of reproductive isolation in the sticklebacks（Gasterosteus）of south-western British Columbia *in* M. A. Bell and S. A. Foster, eds. *The evolutionary biology of the threespine stickleback*. Oxford University Press. pp. 399–43

Meierjohann, S., and Schartl, M.（2006）From Mendelian to molecular genetics: the *Xiphophorus* melanoma model. ***Trends in Genetics*** 22: 654–661.

Mizuta, Y., Harushima, Y., and Kurata, N.（2010）Rice pollen hybrid incompatibility caused by reciprocal gene loss of duplicated genes. ***Proceedings of the National Academy of Sciences of the United States of America*** 107: 20417–20422.

森田邦久．（2010）理系人に役立つ科学哲学．化学同人．

Mousseau, T. A., and Roff, D. A.（1987）Natural selection and the heritability of fitness components. ***Heredity*** 59（Pt 2）: 181–197.

Moyle, L. C., Muir, C. D., Han, M. V., and Hahn, M. W.（2010）The contribution of gene movement to the "two rules of speciation". ***Evolution*** 64: 1541–1557.

Muller, H. J. (1942) Isolating mechanisms, evolution, and temperature. ***Biology Symposium*** 6: 71–125.

Muller, H. J. (1964) The relation of recombination to mutational advance. ***Mutation Research*** 106: 2–9

Myhre, F., and Klepaker, T. (2009) Body armour and lateral-plate reduction in freshwater three-spined stickleback *Gasterosteus aculeatus*: adaptations to a different buoyancy regime? ***Journal of Fish Biology*** 75: 2062–2074.

Nagel, L., and Schluter, D. (1998) Body size, natural selection, and speciation in sticklebacks. ***Evolution*** 52: 209–218.

Nei, M., Maruyama, T., and Wu, C. I. (1983) Models of evolution of reproductive isolation. ***Genetics*** 103: 557–579.

Nei, M., and Roychoudhury, A. K. (1974) Sampling variances of heterozygosity and genetic distance. ***Genetics*** 76: 379–390.

Nesta, A. V., Tafur, D., and Beck, C. R. (2021) Hotspots of human mutation. ***Trends in Genetics*** 37: 717–729.

Noor, Mohamed A., Grams, K. L., Bertucci, L. A., and Reiland, J. (2001) Chromosomal inversions and the reproductive isolation of species. ***Proceedings of the National Academy of Sciences of the United States of America*** 98: 12084–12088.

Nosil, P. (2012) *Ecological Speciation*. Oxford University Press.

Nosil, P., Harmon, L. J., and Seehausen, O. (2009) Ecological explanations for (incomplete) speciation. ***Trends in Ecology & Evolution*** 24: 145–156.

Ohta, T. (1992) The nearly neutral theory of molecular evolution. ***Annual Review of Ecology and Systematics*** 23: 263–286.

Orr, H. A. (1996) Dobzhansky, Bateson, and the genetics of speciation. ***Genetics*** 144: 1331–1335.

Orr, H. A. (1998) The population genetics of adaptation: The distribution of factors fixed during adaptive evolution. ***Evolution*** 52: 935–949.

Orr, H. A. (2005) The probability of parallel evolution. ***Evolution*** 59:216–220.

Otto, S. P., Pannell, J. R., Peichel, C. L., Ashman, T. L., Charlesworth, D., Chippindale, A. K., Delph, L. F., Guerrero, R. F., Scarpino, S. V., and McAllister, B. F. (2011) About PAR: the distinct evolutionary dynamics of the pseudoautosomal region. ***Trends in Genetics*** 27: 358–367.

Paradis, E. (2012) *Analysis of Phylogenetics and Evolution with R*. Springer.

Parker, G. A. (1979) Sexual selection and sexual conflict. *in* Blum, M. S. and Blum, N. A. eds. *Sexual selection and reproductive competition in insects*. Academic Press. pp. 123–166.

Parker, G. A., Baker, R. R., and Smith, V. G. (1972) The origin and evolution of gamete dimorphism and the male-female phenomenon. ***Journal of Theoretical Biology*** 36: 529–553.

Patten M. M. (2018) Selfish X chromosomes and speciation. ***Molecular Ecology*** 27: 3772–3782.

Peichel, C. L., and Marques, D. A. (2017) The genetic and molecular architecture of phenotypic diversity in sticklebacks. ***Philosophical Transactions of the Royal Society of London. Series B, Biological Sciences*** 372: 20150486.

Pennell, M. W., Kirkpatrick, M., Otto, S. P., Vamosi, J. C., Peichel, C. L., Valenzuela, N., and Kitano, J. (2015) Y fuse? Sex chromosome fusions in fishes and reptiles. ***PLoS Genetics*** 11: e1005237.

Poelstra, J. W., Vijay, N., Bossu, C. M., Lantz, H., Ryll, B., Müller, I., Baglione, V., Unneberg, P., Wikelski, M., Grabherr, M. G., and Wolf, J. B. (2014) The genomic landscape underlying phenotypic integrity in the face of gene flow in crows. ***Science*** 344: 1410–1414.

Powell, D. L., García-Olazábal, M., Keegan, M., Reilly, P., Du, K., Díaz-Loyo, A. P., Banerjee, S., Blakkan, D., Reich, D., Andolfatto, P., Rosenthal, G. G., Schartl, M., and Schumer, M. (2020) Natural hybridization reveals incompatible alleles that cause melanoma in swordtail fish. ***Science*** 368: 731–736.

Presgraves, D. C. (2010) The molecular evolutionary basis of species formation. ***Nature Reviews Genetics*** 11: 175–180.

Ravinet, M., Yoshida, K., Shigenobu, S., Toyoda, A., Fujiyama, A., and Kitano, J. (2018) The genomic landscape at a late stage of stickleback speciation: High genomic divergence interspersed by small localized regions of introgression. ***PLoS Genetics*** 14: e1007358.

Reifová, R., Ament-Velásquez, S. L., Bourgeois, Y., Coughlan, J., Kulmuni, J., Lipinska, A. P., Okude, G., Stevison, L., Yoshida, K., and Kitano, J. (2023) Mechanisms of intrinsic postzygotic isolation: from traditional genic and chromosomal views to genomic and epigenetic perspectives. ***Cold Spring Harbor Perspectives in Biology*** 15: a041607

Reimchen, T. E. (1992) Injuries on stickleback from attacks by a toothed predator (Oncorhynchus) and implications for the evolution of lateral plates. ***Evolution*** 46: 1224–1230.

Remington, D. L. (2015) Alleles versus mutations: Understanding the evolution of genetic architecture requires a molecular perspective on allelic origins. ***Evolution*** 69:3025–3038.

Rice, W. R. (1984) Sex chromosomes and the evolution of sexual dimorphism: lessons from the genome. ***Evolution*** 38: 735–742.

Riesch, R., Muschick, M., Lindtke, D., Villoutreix, R., Comeault, A. A., Farkas, T. E., Lucek, K., Hellen, E., Soria-Carrasco, V., Dennis, S. R., de Carvalho, C. F., Safran, R. J., Sandoval, C. P., Feder, J., Gries, R., Crespi, B. J., Gries, G., Gompert, Z., and Nosil, P. (2017) Transitions between phases of genomic differentiation during stick-insect speciation. ***Nature Ecology & Evolution*** 1: 82.

Rieseberg, L. H. (2001) Chromosomal rearrangements and speciation. ***Trends in Ecology & Evolution*** 16: 351–358.

Roff, D. A. (1997) *Evolutionary Quantitative Genetics*. Springer.

Rogers, D. W., McConnell, E., Ono, J., and Greig, D. (2018) Spore-autonomous fluorescent protein expression identifies meiotic chromosome mis-segregation as the principal cause of hybrid sterility in yeast. ***PLoS Biology*** 16: e2005066.

Rozen, S., Skaletsky, H., Marszalek, J. D., Minx, P. J., Cordum, H. S., Waterston, R. H., Wilson, R. K., and Page, D. C. (2003) Abundant gene conversion between arms of palindromes in human and ape Y chromosomes. ***Nature*** 423: 873–876.

Sabeti, P. C., P. Varilly, B. Fry, J. Lohmueller, E. Hostetter, C. Cotsapas, X. Xie, E. H. Byrne, S. A. McCarroll, R. Gaudet, S. F. Schaffner, E. S. Lander, and The International HapMap Consortium. (2007) Genome-wide detection and characterization of positive selection in human populations. ***Nature*** 449: 913–918.

Säll, T. and Bengtsson, B. O. (2017) *Understanding Population Genetics*. John Wiley & Sons.

Santos, M. E., Braasch, I., Boileau, N., Meyer, B. S., Sauteur, L., Böhne, A., Belting, H. G., Affolter, M., and Salzburger, W. (2014) The evolution of cichlid fish egg-spots is linked with a cis-regulatory change. ***Nature Communications*** 5: 5149.

Sarre, S. D., Georges, A., and Quinn, A. (2004) The ends of a continuum: genetic and temperature-dependent sex determination in reptiles. ***BioEssays*** 26: 639–645

Sato, T., Endo, T., Yamahira, K., Hamaguchi, S., and Sakaizumi, M. (2005) Induction of female-to-male sex reversal by high temperature treatment in Medaka, *Oryzias latipes*. ***Zoological Science*** 22: 985–988.

Saunders, P. A., Neuenschwander, S., and Perrin, N. (2018) Sex chromosome turnovers and genetic drift: a simulation study. ***Journal of Evolutionary Biology*** 31: 1413–1419.

Scannell, D. R., Byrne, K. P., Gordon, J. L., Wong, S., and Wolfe, K. H. (2006) Multiple rounds of speciation associated with reciprocal gene loss in polyploid yeasts. ***Nature*** 440: 341–345.

Schiffels, S., and Durbin, R.（2014）Inferring human population size and separation history from multiple genome sequences. ***Nature Genetics*** 46: 919–925.

Schluter, D.（1993）Adaptive radiation in sticklebacks: Size, shape, and habitat use efficiency. ***Ecology*** 74: 699–709.

Schluter, D.（1995）Adaptive radiation in sticklebacks: Trade-offs in feeding performance and growth. ***Ecology*** 76: 82–90.

Schluter, D.（2000）*The Ecology of Adaptive Radiation*. Oxford University Press.（翻訳版：森誠一，北野潤 訳.（2012）適応放散の生態学．京都大学学術出版会）

Schluter, D., and Conte, G. L.（2009）Genetics and ecological speciation. ***Proceedings of the National Academy of Sciences of the United States of America*** 106 Suppl 1: 9955–9962.

Seehausen, O., Takimoto, G., Roy, D. and Jokela, J.（2008）Speciation reversal and biodiversity dynamics with hybridization in changing environments. ***Molecular Ecology*** 17: 30–44

Servedio, M. R., Van Doorn, G. S., Kopp, M., Frame, A. M., and Nosil, P.（2011）Magic traits in speciation: 'magic' but not rare? ***Trends in Ecology & Evolution*** 26: 389–397.

Shapiro, M. D., Marks, M. E., Peichel, C. L., Blackman, B. K., Nereng, K. S., Jónsson, B., Schluter, D., and Kingsley, D. M.（2004）Genetic and developmental basis of evolutionary pelvic reduction in threespine sticklebacks. ***Nature*** 428: 717–723.

Skaletsky, H., Kuroda-Kawaguchi, T., Minx, P. J., Cordum, H. S., Hillier, L., Brown, L. G., Repping, S., Pyntikova, T., Ali, J., Bieri, T., Chinwalla, A., Delehaunty, A., Delehaunty, K., Du, H., Fewell, G., Fulton, L., Fulton, R., Graves, T., Hou, S. F., Latrielle, P., Leonard, S., Mardis, E., Maupin, R., McPherson, J., Miner, T., Nash, W., Nguyen, C., Ozersky, P., Pepin, K., Rock, S., Rohlfing, T., Scott, K., Schultz, B., Strong, C., Tin-Wollam, A., Yang, S. P., Waterston, R. H., Wilson, R. K., Rozen, S., and Page, D. C.（2003）The male-specific region of the human Y chromosome is a mosaic of discrete sequence classes. ***Nature*** 423: 825–837.

Sobel, J. M., and Chen, G. F.（2014）Unification of methods for estimating the strength of reproductive isolation. ***Evolution*** 68: 1511–1522.

Stankowski, S., and Ravinet, M.（2021）Defining the speciation continuum. ***Evolution*** 75: 1256–1273.

Stephan, W., Song, Y. S., and Langley, C. H.（2006）The hitchhiking effect on linkage disequilibrium between linked neutral loci. ***Genetics*** 172: 2647–2663.

Stern, D. L., and Frankel, N.（2013）The structure and evolution of cis-regulatory regions: the shavenbaby story. ***Philosophical Transactions of the Royal Society of London. Series B, Biological Sciences*** 368: 20130028.

Stern, D. L., and Orgogozo, V.（2008）. The loci of evolution: how predictable is genetic evolution?. ***Evolution*** 62: 2155–2177.

Stern, D. L., and Orgogozo, V.（2009）Is genetic evolution predictable? ***Science*** 323: 746–751.

Tajima, F.（1983）Evolutionary relationship of DNA sequences in finite populations. ***Genetics*** 105: 437–460.

Tajima, F.（1989）Statistical method for testing the neutral mutation hypothesis by DNA polymorphism. ***Genetics*** 123: 585–595.

立田晴起．（2012）量的形質変異に関与する候補遺伝子の探索法．***in*** 森長真一，工藤洋 編．エコゲノミクス：遺伝子からみた適応．共立出版．pp. 64–83.

Taverner, A. M., Yang, L., Barile, Z. J., Lin, B., Peng, J., Pinharanda, A. P., Rao, A. S., Roland, B. P., Talsma, A. D., Wei, D., Petschenka, G., Palladino, M. J., and Andolfatto, P.（2019）. Adaptive substitutions underlying cardiac glycoside insensitivity in insects exhibit epistasis in vivo. ***eLife*** 8: e48224.

Taylor, E. B., Boughman, J. W., Groenenboom, M., Sniatynski, M., Schluter, D., and Gow, J. L. (2006) Speciation in reverse: morphological and genetic evidence of the collapse of a three-spined stickleback (*Gasterosteus aculeatus*) species pair. ***Molecular Ecology*** 15: 343–355.

Tenaillon, O. (2014) The utility of Fisher's geometric model in evolutionary genetics. ***Annual Review of Ecology, Evolution, and Systematics*** 45: 179–201.

Thomae, A. W., Schade, G. O., Padeken, J., Borath, M., Vetter, I., Kremmer, E., Heun, P., and Imhof, A. (2013) A pair of centromeric proteins mediates reproductive isolation in *Drosophila* species. ***Developmental Cell*** 27: 412–424.

Thurman, T. J., and Barrett, R. D. (2016) The genetic consequences of selection in natural populations. ***Molecular Ecology*** 25: 1429–1448.

Ting, C. T., Tsaur, S. C., Wu, M. L., and Wu, C. I. (1998). A rapidly evolving homeobox at the site of a hybrid sterility gene. ***Science*** 282: 1501–1504.

Trivers, R. (1972) Parental Investment and Sexual Selection. in Campbell, B. ed. *Sexual selection and the descent of man*. Aldine Publishing Company pp. 136–179.

Turelli, M., and H. A. Orr. (1995) The dominance theory of Haldane's rule. ***Genetics*** 140: 389–402.

Úbeda, F., Patten, M. M., and Wild, G. (2015) On the origin of sex chromosomes from meiotic drive. ***Proceedings of the Royal Society. B, Biological Sciences*** 282: 20141932.

Valenzuela, N., and Lance, V. A. (2005) *Temperature-Dependent Sex Determination in Vertebrates*. Smithsonian Books.

van Doorn, G. S., and Kirkpatrick, M. (2007) Turnover of sex chromosomes induced by sexual conflict. ***Nature*** 449: 909–912.

van Doorn, G. S., and Kirkpatrick, M. (2010) Transitions between male and female heterogamety caused by sex-antagonistic selection. ***Genetics*** 186: 629–645.

Van Valen, L. (1973) A new evolutionary law. ***Evolutionary Theory*** 1: 1–30.

Veller, C., Muralidhar, P., Constable, G. W. A., and Nowak, M. A. (2017) Drift-induced selection between male and female heterogamety. ***Genetics*** 207: 711–727.

Vignieri, S. N., Larson, J. G., and Hoekstra, H. E. (2010). The selective advantage of crypsis in mice. ***Evolution*** 64: 2153–2158.

Walsh, B., and Lynch, M. (2018) *Evolution and Selection of Quantitative Traits*. Oxford University Press.

Westram, A. M., Stankowski, S., Surendranadh, P., and Barton, N. (2022) What is reproductive isolation?. ***Journal of Evolutionary Biology*** 35: 1143–1164.

White, M. A., Kitano, J., and Peichel, C. L. (2015) Purifying selection maintains dosage-sensitive genes during degeneration of the threespine stickleback Y chromosome. ***Molecular Biology and Evolution*** 32: 1981–1995.

White, M. J. D. (1973) *Animal Cytology and Evolution*. Cambridge University Press.

Whitlock, M., and Schluter, D. (2014) *The Analysis of Biological Data*. Roberts and Company Publishers.

Wittbrodt, J., Adam, D., Malitschek, B., Mäueler, W., Raulf, F., Telling, A., Robertson, S. M., and Schartl, M. (1989) Novel putative receptor tyrosine kinase encoded by the melanoma-inducing *Tu* locus in *Xiphophorus*. ***Nature*** 341: 415–421.

Xie, K. T., Wang, G., Thompson, A. C., Wucherpfennig, J. I., Reimchen, T. E., MacColl, A. D. C., Schluter, D., Bell, M. A., Vasquez, K. M., and Kingsley, D. M. (2019). DNA fragility in the parallel evolution of pelvic reduction in stickleback fish. ***Science*** 363 :81–84.

山道真人，印南秀樹．(2009)始めようエコゲノミクス(2)ゲノムワイド関連マッピング．日本生態学会誌 59: 105–113.

山道真人，印南秀樹．(2010)始めようエコゲノミクス(4)集団内変異データが語る過去：解析手法と理論的背景(その 2). 日本生態学会誌 60: 137–148.

Yamasaki Y. Y., Mori S., Kokita T., and Kitano J. (2019) Armour plate diversity in Japanese freshwater threespine stickleback (*Gasterosteus aculeatus*). ***Evolutionary Ecology Research*** 20: 51–67.

山内淳. (2012)進化生態学入門：一数式で見る生物進化一. 共立出版.

Yeaman, S. (2013) Genomic rearrangements and the evolution of clusters of locally adaptive loci. ***Proceedings of the National Academy of Sciences of the United States of America*** 110: E1743–1751.

Yeaman, S., and Whitlock, M. C. (2011) The genetic architecture of adaptation under migration-selection balance. ***Evolution*** 65: 1897–1911.

Yoshida, K., and Kitano, J. (2012) The contribution of female meiotic drive to the evolution of neo-sex chromosomes. ***Evolution*** 66: 3198–3208.

Zuellig, M. P., and Sweigart, A. L. (2018) Gene duplicates cause hybrid lethality between sympatric species of *Mimulus*. ***PLoS Genetics*** 14: e1007130.

索　引

北野　潤（きたの　じゅん）
国立遺伝学研究所 ゲノム・進化研究系 生態遺伝学研究室 教授
専門分野：進化遺伝学，生態遺伝学
京都大学卒業後，2002年に京都大学大学院医学研究科にて医学博士取得．京都大学大学院生命科学研究科助手，フレッドハッチンソン癌研究所ポスドク研究員，東北大学大学院生命科学研究科助教を経て，2011年より国立遺伝学研究所特任准教授，2015年より同研究所教授．トゲウオ科魚類を中心に野生動物の種分化や適応進化の遺伝基盤の研究に従事．

生態遺伝学入門

令和6年1月30日　発　行

著　者　北　野　　　潤

発行者　池　田　和　博

発行所　丸善出版株式会社
〒101-0051 東京都千代田区神田神保町二丁目17番
編集：電話(03)3512-3261／FAX(03)3512-3272
営業：電話(03)3512-3256／FAX(03)3512-3270
https://www.maruzen-publishing.co.jp

組版印刷・中央印刷株式会社／製本・株式会社 松岳社

ISBN 978-4-621-30896-7　C 3045　Printed in Japan